NINA ERNST

So sind Katzen

Müller
Rüschlikon

Einbandgestaltung: Kornelia Erlewein

Titelbild: Jana Weichelt

Bildnachweis:
©PIXELIO: Marcel Ringhoff: S. 3; Martin-Mueller: S. 6; Christoph-S.: S. 10; Herbert Raschke: S. 11; Anna Rosin: S. 14; Jasmin-Jandera: S. 15; Oliver Haja: S. 17; Elisa Al Rashid: S. 18, 20; impressed-media.de: S. 19; karin averbeck: S. 21 (klein); Roland Peter: S. 21 (groß); kammersystole: S. 22; NicoLeHe: S. 23 rechts; Thomas Schaack: S. 24; Stefan Thaens: S. 25 (klein); Katharina Bregulla: S. 29 unten; Radka Schoene: S. 32 links; Harald Schottner: S. 32 rechts; steve prinz: S. 34; Madleen: S. 35; Tanja Schohmann: S. 36; marlis duelsen: S. 42; Sabine Nuesch: S. 45 links; Sarah Huth: S. 48; Christian Freche: S. 53; pixsti: S. 54; Sonja Zach: S. 64; Guenter Hamich: S. 66; Jewgenia Stasiok: S. 68; Nicole: S. 69; Radka Schoene: S. 70; Jewgenia: S. 72; Radka Schoene: S. 73; Thomas Beckert: S. 76; Joujou: S. 77; Leo Koehle: S. 81; Helga Gross: S. 92.
©Kwiveo Oeviwk/aboutpixel.de: S. 82;
Michael Pettigrew©www.fotolia.com: S. 63 links; tankist276©www.fotolia.com: S. 84; Privat: S. 95

Besonderer Dank gilt Sina Jakubzig (www.sinagrafie.de) und Andrea Schneider (www.andrea-schneider.eu) für die schönen Aufnahmen.

Sina Jakubzig: S. 8, 12, 25 (groß), 26, 29 oben, 31, 36/37, 37, 38, 39, 40, 41, 46, 47, 50, 51, 52, 57, 58, 59, 63 oben und rechts, 65, 67, 71, 75, 80, 85, 88, 90, 91, 93, 94.
Andrea Schneider: S. 4, 7, 13, 16, 23 links, 28, 30, 33, 43, 44, 45 rechts, 55, 56, 61, 62, 74, 78, 83, 87, 89.

ISBN 978-3-275-01973-1

Copyright © 2014 by Müller Rüschlikon Verlag
Postfach 103743, 70032 Stuttgart
Ein Unternehmen der Paul Pietsch Verlage GmbH & Co. KG
Lizenznehmer der Bucheli Verlags AG, Baarerstr. 43, CH-6304 Zug

1. Auflage 2014

Sie finden uns im Internet unter www.mueller-rueschlikon-verlag.de

Lektorat: Claudia König
Innengestaltung: Kornelia Erlewein
Druck und Bindung: Appel & Klinger, 96277 Schneckenlohe
Printed in Germany

Katzen sehen die Welt mit eigenen Augen.

Inhalt

Kapitel 1

Leben mit Katzen
Seite 6

7 FASZINATION KATZEN: LEBEN AUF SAMTPFOTEN

10 WIE DIE KATZ ZUM MENSCHEN KAM: EINE BEZIEHUNG MIT GESCHICHTE

18 DIE PERFEKTE JÄGERIN: DIE NATUR DER KATZEN

22 WG MIT MIEZ: MINI-RAUBTIER IN VIER WÄNDEN

Kapitel 2

Charaktertypen
Seite 30

31 STARKE PERSÖNLICHKEITEN: DER FELINE CHARAKTER

35 LEBENSPHASEN: VOM RAUFBOLD ZUM SENIOR

44 KATZENMYTHEN: ALLERLEI VORURTEILE

Kapitel 3

Alltag auf Katzenart
Seite 52

53 WIE IMMER, BITTE! DAS GEWOHNHEITSTIER

56 GANZ ENTSPANNT: GEMÜTLICHER KATZENALLTAG

66 VIERBEINIGE SPORTSKANONEN: BEWEGUNG MUSS SEIN

70 KLEINE ENTDECKER: AUF TOUR IM REVIER

Kapitel 4

Sozialleben
Seite 76

77 VON WEGEN EINZELGÄNGER: SOZIALE TIERE

82 MIAU! WIE KATZEN SPRECHEN

86 KÖRPERSPRACHE: LAUTLOSE KOMMUNIKATION

Kapitel 1

Leben mit Katzen

Katzen sind erstaunliche Wesen, anpassungsfähig und autark zugleich. Wer sich auf die kleinen Individuen einlässt, auf den wartet ein spannendes Abenteuer!

Faszination Katzen: Leben auf
Samtpfoten

Wie die Katz zum Menschen kam:
Eine Beziehung mit Geschichte

Die perfekte Jägerin: die Natur
der Katzen

WG mit Miez: Mini-Raubtier
in vier Wänden

Auf dem Vormarsch: Samtpfoten faszinieren immer mehr Menschen.

Faszination Katze: Leben auf Samtpfoten

In deutschen Haushalten leben laut Statistischem Bundesamt über zwölf Millionen Katzen. Damit haben die Samtpfoten den Hund überholt und führen die Liste der beliebtesten Haustiere an. Sie gelten als pflegeleicht und erledigen sogar ihre Gassigänge selbständig. Können sie nicht raus, benutzen sie ganz unkompliziert die Katzentoilette. Ärger mit Nachbarn und Vermieter wegen stundenlangem Gebell bleibt nicht zu befürchten. Doch die Katze ist mehr als nur ein praktischer Ersatz für alle, die in der Etagenwohnung keinen Hund halten können. Schließlich besitzen auch Katzen Ansprüche, die der Mensch erfüllen muss. Wer sein Leben mit einer Katze teilen möchte, entscheidet sich vor allem für den Charakter der Samtpfoten. Anders als der sprichwörtlich beste Freund des Menschen gehorchen sie nicht blind, lassen sich nicht dressieren. Katzen besitzen ihren eigenen Kopf. Und den starken Willen, diesen durchzusetzen. Wo sie schlafen, wann es Zeit zum Kuscheln ist und welches Futter serviert wird.

SYMPATHISCHE INDIVIDUALISTEN

Das Leben dreht sich für Katzen nicht um ihren Menschen, sondern um sie selbst. Darum, was das Tier möchte, was ihm gerade angenehm erscheint. Natürlich bleibt auch in einem Katzenleben Raum für Zweibeiner. Deren Zuwendung nehmen die Samtpfoten gerne in Anspruch.

Aber nur dann, wenn ihnen gerade danach ist. In dem Fall allerdings nach Möglichkeit sofort. Streicheleinheiten oder Spiele aufdrängen las-

7

sen sich die kleinen Charakterköpfe nicht. Mit einer Katze holen Tierfreunde sich eine eigene Persönlichkeit ins Haus, die selbst entscheidet, wie sie leben möchte und wann sie ihre Freiräume braucht. Das sorgt zuweilen für Meinungsverschiedenheiten und Missverständnisse. Andererseits wirkt die Autonomie der Stubentiger enorm faszinierend.

Noch nach Jahrhunderten des Zusammenlebens von Mensch und Katze haftet den Vierbeinern etwas Mysteriöses an.

In der Vergangenheit wurde den Tieren Magisches nachgesagt. Je nach Zeitalter und Kulturkreis der Gottstatus oder der Bund mit dem Teufel unterstellt. Selbst in der heutigen Zeit, in der der Aberglaube wissenschaftlichen Erkenntnissen

gewichen ist, übt das geheimnisvolle Wesen der Katzen auf uns Menschen eine große Anziehungskraft aus. Bestimmte Verhaltensweisen der Feliden sind den unseren so ähnlich, dass wir den Tieren ganz selbstverständlich im Alltag Menschliches unterstellen, sie unbewusst wie Kinder behandeln. Bei den gemeinsamen Fernsehabenden auf der Couch scheint die Katze so vertraut, dass man schnell vergisst, ein kleines Raubtier mit völlig anderem Lebensstil neben sich sitzen zu haben. Um so überraschender und rätselhafter wirken die vielen anderen Dinge, die sich so stark vom Alltag der Zweibeiner unterscheiden. Etwa das Schlafen oben im Bücherregal, das genüssliche Kratzen an der Tapete oder der hypnotische Blick, der den Futterschrank fixiert.

Das fremde Wesen: verschmuste Raubtiere.

VON GRUND AUF EHRLICH

Katzen machen grundsätzlich das, wonach ihnen gerade ist. Sie leben in den Tag hinein, planen nicht und beschließen spontan, was sie als nächstes unternehmen wollen. Über mögliche Folgen denken sie nicht nach. Eine Eigenschaft, um die sie viele Menschen beneiden. Aus Höflichkeit bei einem Spiel mitmachen, um dem Menschen einen Gefallen zu tun? Nicht mit einer Katze. Ebenso beim Streicheln: gerade noch die Kuschelstunde in vollen Zügen genossen, springt die Miez direkt vom Sofa, wenn sie genug hat. Katzen sind immer ehrlich. In ihrer Abneigung und Zuwendung. Das wirkt manchmal ganz schön hart, wenn man dem Tier mit einer neuen Kuscheldecke oder Leckerchen seine Liebe beweisen möchte und es sich nur umdreht und scheinbar angewidert den Raum verlässt. Dass Katzen nicht lügen, kann aber auch herrlich sein. Anders als im manchmal verwirrenden Alltag wissen Katzenhalter bei ihrer Miez immer, woran sie gerade sind. Wenn ein Stubentiger jemandem seine Zuneigung zeigt, kann der sich sicher sein, dass sie aus ganzem Herzen kommt. Gerade bei anfänglich scheuen Exemplaren sind nicht wenige Halter stolz darauf, wenn die Vierbeiner nach Jahren der Skepsis endlich abends regelmäßig auf ihrem Schoß Platz nehmen. Wer sich die Zuneigung einer Katze verdient, kann sich freuen. Aber darf sich darauf nicht ausruhen und muss ständig an der Freundschaft arbeiten. Auch bei Katzen gilt: Eine gute Beziehung will gepflegt werden, damit die Miez einem nicht eines Tages den Rücken zudreht, sondern sich jedes Mal wieder darüber freut, wenn der Mensch nach Hause kommt.

Katzen gelten als kratzbürstig und sanft, als niedlich und gefährlich, autark und Menschen bezogen. Würden einem Menschen so viele gegensätzliche Eigenschaften nachgesagt, würde er wohl als schizophren gelten. Für die Vierbeiner ist der Weg zwischen wildem Raubtier und um Streicheleinheiten maunzendem Kätzchen kein großer Spagat, sondern nur ein kleiner Katzensprung. Mit dem vermeintlich sprunghaftem Wesen folgen sie nur ihrer Natur. Denn Katzen verhalten sich aus ihrer Sicht völlig normal und vorhersehbar. Nur müssen wir Menschen verstehen lernen, wie Katzen denken und fühlen, um das Verhalten zu übersetzen und zu interpretieren.

Das mögen Katzen	Das hassen Katzen
Leise Ansprache	Lärm und laute Musik
Vertrauter Duft des Körbchens	Starke Gerüche wie Parfum
Vorhersehbarkeit	Hektik und Unruhe
Wiederkehrende Rituale	Plötzliche Veränderungen
Sanfte Kontaktaufnahme	Bedrängen/getragen werden
Traute Zweisamkeit	Große Partys
Gemütliche Abende zu Hause	Reisen/Auto fahren
Ruhige Menschen um sich	Langes Alleinsein

Wie die Katz zum Menschen kam: Eine Beziehung mit Geschichte

Eine Katze lässt kaum einen Menschen kalt. Die Vierbeiner polarisieren. Während die einen sich an der Eleganz und Schönheit der Samtpfoten erfreuen, bezeichnen andere sie als hinterlistig und unberechenbar. Bereits in der Vergangenheit, als Katzen noch Haus und Hof frei von Schädlingen gehalten haben, haben sie die Menschheit gespalten. Im Lauf der Geschichte wurden sie geliebt und gehasst, gejagt und umsorgt. Sogar vergöttert und verteufelt.

Historische Fundstücke zeugen vom Katzenkult in Ägypten.

ERSTE SCHRITTE

Um die erste Annäherung von Mensch und Katz ragen sich wie um die Tiere selbst Mythen und Legenden. Angefangen hat alles im alten Ägypten. So viel steht fest. Die Ägypter waren generell fasziniert von Tieren und davon, sie zu zähmen. Kaum verwunderlich also, dass einige Menschen annehmen, die Ägypter hätten die anmutigen Miniraubtiere ebenso gezähmt, um ihre Häuser mit ihnen zu schmücken. Dass die Katzen die Umgebung frei von Mäusen hielten, war dieser recht unpopulären Theorie nach ein angenehmer Nebeneffekt.

Weit verbreiteter ist die Annahme, Katzen hätten sich selbst domestiziert. Eine Sensation in der Geschichte der Haustiere. Diese Theorie passt nicht nur vortrefflich zum eigensinnigen Wesen der Katze, sondern gilt auch als die Wahrscheinlichste. Laut der These haben die ägyptischen Falbkatzen entdeckt, dass die Kornspeicher nicht nur eine volle Vorratskammer für Menschen darstellen. Die dort lebenden Mäuse eigneten sich auch prima, um den eigenen Magen zu füllen. Also hielten sich die

Wildtiere bevorzugt in der Nähe von Siedlungen auf. Sie bekamen Aufenthaltsrecht, da sie die Nahrungsvorräte der Menschen vor Schädlingen schützten. Der erste Schritt zu einer Jahrtausende anhaltenden Freundschaft war getan.

Im Laufe der Zeit fanden Mensch und Tier immer mehr Gefallen aneinander. Die Menschen an der Schönheit und Anmut der Katzen, die die Häuser frei von Ungeziefer hielten. Und die Katzen am Komfort der menschlichen Obhut. Denn obwohl Katzen als stur und eigenwillig gelten, sind sie doch extrem kompromissbereit. Über die Jahrhunderte hinweg gaben sie Stück für Stück ihre Freiheit zugunsten der Bequemlichkeit auf. Nur noch die wenigsten von ihnen müssen sich ihren Schlafplatz mit dem Fangen von Mäusen verdienen.
Vor allem in der Stadt leben die meisten Katzen in einer Art Wohngemeinschaft mit den Menschen zusammen, werden gefüttert, gestreichelt und umsorgt. Oft sind sie Sozialpartner, manchmal sogar Kindersatz. Werden sie gut gepflegt und respektiert, gehen sie zuwei-

Lecker! Ihr Appetit auf Mäuse und ihr Jagdgeschick brachte die anmutigen Tiere in die Nähe des Menschen.

len freiwillig ungewöhnliche Lebenswege. Die anpassungsfähigen Tiere sind sogar bereit, ihren Schlafplatz mit Hunden zu teilen und in lärmenden Großfamilien zu leben, wenn man nur ihre Ansprüche und ihre Privatsphäre achtet.

Gemütlichkeit geht vor: über die Jahrhunderte tauschten Katzen ihre Freiheit gegen Komfort.

VEREHRTE SAMTPFOTEN

Im alten Ägypten wurden Katzen vergöttert. Fruchtbarkeitsgöttin Bastet hatte ursprünglich eine Löwengestalt und positive wie negative Attribute. Im Zuge der immer größeren Vernarrtheit des Volkes in Katzen bekam Bastet bald das Aussehen einer Frau mit Katzenkopf oder einer sitzenden Katze. Die lebensbejahenden Eigenschaften behielt sie, die negativen gingen an Göttin Sachmet über. Der Katzenkult war in vollem Gange. Die Tiere wurde ähnlich verehrt wie die ihnen nachempfundene Göttin. Gräber von mumifizierten Katzen, denen Mäuse mit ins Grab gelegt wurden, zeugen von dem hohen Stellenwert der Samtpfoten. Starb eine Katze, wurde sie ähnlich betrauert wie ein verstorbenes Familienmitglied. Samt traditionellem Abrasieren der Augenbrauen und Trauerkleidung. Das Töten einer Katze wurde hart bestraft, manchmal sogar mit dem Tod.

Kein Wunder, dass es verboten war, Katzen aus dem Land auszuführen. Dennoch schmuggelten Seefahrer die Tiere auf ihren Schiffen nach Europa. An Bord kam den Katzen erneut ihre Anpassungsfähigkeit zugute, mit der sie die Überfahrt gut überstanden und sich von den auf Schiffen zahlreich vorhandenen Ratten ernährt haben. So schützten sie die Vorräte der Seefahrer und galten außerdem als edles Handelsgut, für das reiche Bürger gut bezahlten. Historischen Abbildungen und Ausgrabungen nach gelangten die Tiere von Ägypten aus zunächst nach Griechenland. Von dort aus gelangten sie nach Italien, wo sie allerdings nur langsam dem Frettchen als Schädlingsbekämpfer der Wahl Konkurrenz machten.

AUF NACH EUROPA

Auch die alten Germanen verehrten bereits die leisen Jäger. Hier war es ebenso eine Fruchtbarkeitsgöttin, die mit den Katzen in Verbindung gebracht wurde. Freya ließ als Herrin der Katzen ihren Streitwagen von ihnen ziehen. Allerdings von den europäischen Wildkatzen, die nichts mit unseren Stubentigern zu tun haben. Die stammen allesamt von der ägyptischen Falbkatze ab. Ein schlankes Tier mit schmalem Kopf und großen Ohren. Die Falbkatze gilt als treu sorgende Mutter, kümmert sich länger um Pflege und Erziehung des Nachwuchses als ihr domestizierter Nachfahre und spannt sogar manchmal den Kater mit ein. Falbkatzen sind sportlicher als ihre gemütlichen Verwandten, die umsorgt in Häusern und Wohnungen keine Notwendigkeit mehr besitzen, besonders hoch zu springen oder schnell zu rennen.

Anfangs waren Katzen in Europa nur vereinzelt in reichen Häusern zu finden. Als ihre Popularität in Italien wuchs, begann eine Kettenreaktion. Die Römer brachten sie als Schädlingsbekämpfer in die eroberten Gebiete mit. So gelangten die Tiere auch in großer Zahl über die Alpen zu uns. Hierzulande hatten es Katzen nicht immer leicht. Zunächst als Mäusefänger willkommen und geachtet, fielen einige später dem Aberglauben zum Opfer. Quacksalber brauten vermeintlich heilende Tränke aus Katzen, Bauern vergruben sie in Hoffnung auf reiche Ernte lebendig im Feld. Manch eine dreifarbige »Glückskatze« endete im Feuer, weil sie dieses angeblich löschen konnten.

Helfer des Menschen: als Schädlingsbekämpfer eroberten die Vierbeiner Europa.

Verstoßen: im Mittelalter wurden Katzen verteufelt und gejagt.

KATZENHATZ

Zum Ende des Mittelalters ergoss sich eine Welle des Hasses über die Tiere. Im Zuge der Hexenverfolgungen wurden auch Katzen auf Scheiterhaufen verbrannt, gequält und gesteinigt. Galten sie doch als Verkörperung des Bösen. Besonders schwarze Katzen waren Ziel der Inquisition (siehe Kapitel Katzenmythen, Seite 50). Eine solche zu besitzen reichte oft schon, um als Hexe verurteilt zu werden. Suchte sich eine Katze ihrer Natur gemäß ein ruhiges Haus aus, in dem eine alleinstehende Dame wohnte, waren die Folgen für Frau und Katz meist fatal.

Die Katzenhetzjagd hatte sogar erhebliche Auswirkungen auf die gesamte Bevölkerung. Nach der Ausrottung großer Teile der Katzenpopulation folgte die Ära der Ratten. Die konnten sich nun unkontrolliert vermehren und mit ihren Flöhen die Pest rasant verbreiten. Dennoch blieben vielen Menschen Katzen suspekt. Einzelne behaupteten sogar, die Pest sei auf die Katzen zurückzuführen.

MODERNER KATZENKULT

Erst im 18. Jahrhundert verbesserte sich mit dem Zeitalter der Aufklärung das Image der Samtpfoten. Plötzlich tauchten die Tiere in Erzählungen und auf Gemälden auf. Inzwischen besitzen die Katzen zumindest in der westlichen Welt wieder einen ähnlichen Kultstatus wie im alten Ägypten. Ihre Halter geben große Summen für Futter und Zubehör aus; der Branche kann kaum eine Wirtschaftskrise etwas anhaben.

Auf Rasseausstellungen wird das Aussehen der Tiere verehrt, im Internet tauschen Katzenfreunde Fotos und Videos ihrer Liebsten aus. Sie basteln Spielzeuge und diskutieren über Verhaltensauffälligkeiten und deren Ursachen, um den Samtpfoten ein möglichst angenehmes Leben zu bescheren. Manch eine Samtpfote wird heutzutage gar wie ein Menschenkind behandelt und so mit Liebe erdrückt, dass sie ihren natürlichen Bedürfnisse wie dem nach Ruhe kaum nachkommen kann.

Als »Der gestiefelte Kater«, Grinsekatze in »Alice im Wunderland« und Kater Francis im Krimi »Felidae« sind Katzen fester Bestandteil unserer Literatur. Auch in der Popkultur spielen sie eine große Rolle: sie zieren Taschen und T-Shirts als niedlich-kitschige »Hello Kitty« oder verschmitzt-düstere Kumpanen von »Emily The Strange«. Der Erwachsenen-Comic »Fritz The Cat« spielte schon in den 60er-Jahren mit dem wilden Wesen der Katzen und übertrug es auf die Anhänger der Studentenrevolution. Die freche Kultkatze von heute aus den Internet-Cartoons »Simon´s Cat« besitzt inzwischen eine eigene Linie mit Werbeprodukten. Der Großteil der Bevölkerung befindet sich im Katzenfieber. Doch die Tiere besitzen nicht nur Fans. Vielen sind sie nicht ganz geheuer.

Auf einigen Bauernhöfen leben die Tiere mehr geduldet als erwünscht als Mäusefänger, um die sich niemand kümmert. Weder bei Krankheit, noch bei Nachwuchs. In Großstädten hausen ganze Kolonien tagsüber fast unsichtbar in der Nähe von Schrebergärten, Parks oder Fabrikanlagen. Hier kämpfen allein in Deutschland mehrere Millionen Katzen täglich ums Überleben.

Katzen besitzen ihren festen Platz in unserem Alltag.

Streunerkatzen

Rund zwei Millionen Streunerkatzen leben in Deutschland. Oft sind sie krank, schwach und ausgemergelt. Gegen das Katzenelend hilft nur die Kastration. Jeder verantwortungsvolle Katzenhalter sollte sein Tier kastrieren lassen, damit es sich nicht mit herrenlosen Katzen paart und so die Streunerpopulation anwachsen lässt. Ein harmloser Eingriff, nach dem das Tier keinen Trieb mehr verspürt und somit nichts vermisst. Über Streunerkatzen und Hilfsmaßnahmen informiert das »Bündnis Pro Katze«.

www.sie-sind-ueberall.org/

In unseren Hauskatzen schlummert noch die Wildheit ihrer Ahnen. Selbst wenn sie noch so niedlich aussehen.

SANFT UND WILD

In der Regel führt die in menschlicher Obhut lebende, moderne Hauskatze ein behagliches Leben. Sie ist arbeitslos. Statt Schädlinge zu jagen, soll sie vor allem eins: den Menschen gefallen. Da Geschmäcker bekanntlich verschieden sind, existiert eine Vielzahl an Farben, Rassen und Körperformen. Mit den grazilen Falbkatzen haben etwa die kompakten British Kurzhaar ebenso wenig gemein wie die langhaarige Perserkatze. Ihre Sportlichkeit und Aufnahmefähigkeit haben die Tier zumindest ein wenig zugunsten anderer Eigenschaften aufgegeben, die sie in der Nähe des Menschen mehr benötigen.

Etwa der Zutraulichkeit gegenüber den Zweibeinern. Für die urbane Katze scheint es schließlich wichtiger, einem Menschen zu vertrauen, als selbst die weit entfernte Beute wahrzunehmen und zu erlegen. Viele der wilden Eigenschaften schlummern allerdings noch im gemütlichsten Stubentiger. Etwa der Jagdtrieb oder der, das Revier als persönliches Eigentum zu kennzeichnen. Kommt so das wilde Wesen der niedlichen Kuscheltiere zum Vorschein, sind Halter oft ratlos. Denken, sie hätten etwas falsch gemacht oder mit der Katze stimme etwas nicht. Aber so ganz ausgetrieben haben auch Jahrhunderte in der Nähe der Menschen die wilden Gene der Kat-

Samtpfoten sind hoch qualifizierte Jäger. Und deshalb nicht immer in der Nachbarschaft beliebt.

zen nicht. Im Gegenteil: Die Katze ist das Haustier, das sich am meisten seiner Ursprünglichkeit bewahrt hat. Weil der Mensch anders als beim Wolf erst spät durch Zucht in die Fortpflanzung der Katzen eingegriffen hat. Dass sie kleine Tiere jagen, ihr Revier abstecken und manchmal die Krallen ausfahren, ist völlig normal. Zum Glück können wir Menschen lernen, Signale zu verstehen, um rechtzeitig den nächsten Pfotenhieb zu erahnen und die Hand schnell in Sicherheit zu bringen.

Die perfekte Jägerin: die Natur der Katzen

Katzen sind Jäger. Ihre Fähigkeiten sind darauf abgestimmt, sich von erlegter Beute zu ernähren. Anders als Wölfe jagen sie allein. Obwohl die Katze grundsätzlich gesellig ist, möchte sie ihre ohnehin schon kleinen, erjagten Beutetiere mit niemandem teilen. Je nach Nahrungsangebot ist die Herrschaft über ein eigenes Revier und die dort lebenden Nagetiere somit lebenswichtig.

Gut gerüstet: Katzenaugen bringen bei Dämmerung Licht ins Dunkel.

SEHEN UND TASTEN

Anders als bei Fluchttieren sind die Augen der Katze nach vorne gerichtet. So kann sie Entfernungen besser abschätzen und eine höhere Trefferquote beim Springen und Packen der Beute erzielen. Da die Samtpfoten häufig in der Dämmerung jagen, besitzen ihre Augen einen Restlichtverstärker. In völliger Dunkelheit sind sie zwar wie wir Menschen blind, aber schon eine schwache Lichtquelle wie der Schein des Mondes reicht aus, damit die Tiere sich zurechtfinden, während Menschen bereits im Dunkeln tappen. Auch bei Sonnenschein und Zimmerbeleuchtung haben die Tiere uns etwas voraus. Dank der vielen Sehzellen können sie um ein Vielfaches besser sehen. Unverzichtbar für den, der vom Fangen kleiner Beutetiere lebt, die durchs Gras huschen. Die frühere Annahme, Katzen seien farbenblind, wurde mittlerweile widerlegt. Ob etwas grün oder gelb ist, spielt für die Tiere allerdings meist keine große Rolle.

Bei absoluter Dunkelheit unterstützen Tasthaare die Orientierung. Steife Haare wie etwa die auffälligen Schnurrhaare und die langen Haare über den Augen. Deren Wurzeln erfassen selbst feinste Schwingungen und geben die Reize ans Gehirn weiter. Die Schnurrhaare besitzen außerdem kommunikativen Charakter und lassen die Stimmung des Tieres erkennen.

Was war denn das? Mit ihrem perfekten Gehör entgeht den Tieren nichts im Revier.

HÖREN UND RIECHEN

Katzen sind wahre Meister des Gehörs. Sie hören Töne, die unser Ohr schon längst nicht mehr wahrnimmt. Vor allem hohe Frequenzen lassen die Samtpfoten aufhorchen. Das entfernte Fiepsen einer Maus, das für uns verschwindend leise bis geräuschlos bleibt, erregt die Aufmerksamkeit der Katzen besonders. Drehen die Tiere ihre Ohren, können sie die genaue Position der Geräuschquelle orten.

Schnüffelt die Katze im Gras und wittert, hat sie meist nicht die Jagd im Sinn, sondern ihre Artgenossen. Der Geruchssinn dient hauptsächlich der Kommunikation (siehe Kapitel Körpersprache, Seite 88). Damit lesen sie Duftbotschaften anderer Katzen, erschnüffeln mögliche Sexualpartner und Konkurrenten.

Außerdem prüfen Katzen mit ihrer Nase die Nahrungsqualität. Auch am heimischen Futternapf schnüffeln sie oft ausgiebig an neuen Futtersorten. In freier Wildbahn hilft das, verdorbenes Fleisch zu erkennen und zu meiden.

RIECHEN FÜR FORTGESCHRITTENE

Viele Katzenhalter beobachten regelmäßig, wie die Katze mit offenem Maul und zurückgezogenen Lippen die Kiste mit Schmutzwäsche oder die neue Handcreme begutachtet. Dabei wirkt sie leicht abwesend, fast träumerisch. Sie flehmt. Katzen besitzen am Gaumen das Jacobson-Organ, eine Art zweiten Geruchssinn. Sind sie an einem Duft interessiert und möchten ihn genauer begutachten, kommt dieses Organ zum Einsatz.

Still und heimlich: selbst beleibte Exemplare nähern sich unbemerkt ihrer Beute.

Auf leisen Sohlen

So gut wie Katzen ihre Beute wahrnehmen können, so gut verstehen sie es auch, als Schleichjäger von ihr unbemerkt zu bleiben. Wie elastisch ihr Skelett ist, können Katzenfans regelmäßig sehen, wenn die Tiere sich zum Schlafen zusammenrollen oder sich in den für uns irrwitzigsten Posen putzen. Durch den biegsamen Körperbau können sie besonders gut klettern und mit großen Schritten auf kurzen Laufdistanzen punkten. Außerdem passen die Tiere selbst durch enge Spalten.

Manchmal meinen Beobachter fast, die Katze wäre zu Stein erstarrt, wenn sie potentielle Beute im Visier hat. Eine gefühlte Ewigkeit können die Tiere verharren oder sich langsam, wie in Zeitlupe an Nagetiere heranschleichen.

Danach geht alles ganz schnell und die Katze setzt zum Sprint und anschließendem Sprung an, um die Beute zu packen. Dank der dicken Sohlenballen ist sie kaum hörbar. Beim Springen kommt die Kraft aus den Hinterbeinen; die Steuerung in der Luft übernimmt der Schwanz. Geht es nicht ums spielerische Fangen einer Stoffmaus, sondern steht eine Mahlzeit auf dem Spiel, sind die Tiere äußerst präzise und landen meist punktgenau.

Und los! Auf langes Lauern folgt der perfekte Sprung.

Innige Freundschaft: eine Katze bereichert das Leben.

WG mit Miez: Mini-Raubtier in vier Wänden

Wer sich eine Katze ins Haus holt, bekommt einen ganz besonderen Mitbewohner. Eine Persönlichkeit mit eigenen Vorlieben und Charaktereigenschaften. Einen Individualisten, der trotzdem die Gesellschaft des Menschen zu schätzen weiß und sich über gemeinsame Stunden freut. Eine Katze bringt Behaglichkeit ins Heim, ob ins zweistöckige Landhaus einer großen Familie oder in die Single-Wohnung in der Stadt. Was könnte gemütlicher sein, als mit einer schnurrenden Katze das Sofa zu teilen. Eine Katze ist nicht minder ein guter Freund als ein Hund. Sie zeigt ihre Zuneigung nur anders. Katzen besitzen ein freundliches Wesen. Sie freuen sich, wenn ihr Mensch nach Hause kommt, begrüßen ihn freudig, ohne Fragen zu stellen. Sie sind dankbar für jede Form der Zuneigung. Auch dann, wenn sie angebotene Spiele zugunsten eines Nickerchens ausschlagen. Selbst die scheuen Exemplare, die keine Fans von Streicheleinheiten sind, schätzen es, wenn Menschen ihnen freundlich zureden. Wird es wild und das Tier ist zum Spielen aufgelegt, bringt es Leben in die vier Wände. Auch wenn es manchmal Missverständnisse gibt – die Zeit mit einer Katze ist aufregend. Ein gemeinsames Abenteuer, in dem Mensch und Tier immer mehr zusammenfinden. Über viele Jahre. Schließlich kann ein Katzenleben locker 20 Jahre dauern. Eine Katze bringt Glück ins Haus. Denn ein Mensch mit einer Samtpfote ist nie mehr einsam.

Grenzen setzen

Während sich bei reinen Stubentigern alles in der Wohnung abspielt, besitzen Freigängerkatzen darüber hinaus ein Freiluftrevier (siehe Kapitel Kleine Entdecker, Seite 73). Die Grenze bilden in der Regel Hecken, Mauern oder Gartenzäune. Im Stammrevier duldet die Katze nur selten fremde Konkurrenz.

Ein Hochsitz bietet den perfekten Platz zum Dösen ...

... und beim Beschatten von Eindringlingen.

Reviertreue

Früher hieß es oft, eine Katze sei mehr ans Haus gebunden als an den Menschen. Würde ihr Revier ihrem Zweibeiner vorziehen, wenn sie vor die Wahl gestellt wird. Die Folge waren und sind teilweise allein gelassene Katzen auf den Grundstücken leerstehender Häuser, die sich selber durchschlagen müssen. Wer beobachtet, welch eine innige Bindung manch eine Samtpfote mit ihrem Halter eingeht, wird dieses Vorurteil für mehr als fraglich halten. Natürlich mag der vierbeinige Jäger sein Revier und gibt es ungern her. Doch in Zeiten, in denen er nicht mehr auf Jagderfolg zum Überleben angewiesen ist, wiegt die Nähe zu seinem geliebten Menschen meist schwerer als die Reviertreue.

Reviergröße und Toleranzspanne variieren je nach Charakter. Manch eine Katze lässt keinen Artgenossen über den Gartenzaun, entspannte Exemplare fangen erst an, ungnädig zu werden, wenn das eigene Körbchen oder der Futternapf in Gefahr sind, annektiert zu werden. Für die meisten Samtpfoten hört der Spaß des Teilens jedoch an der Haustür auf. Über das enge Revier hinaus existieren meist Streifgebiete, in denen diverse Katzen ihre Runden ziehen und sich gegenseitig dulden. Nach Möglichkeit zu verschiedenen Zeiten, damit es nicht zu Streitigkeiten kommt. Bei wild lebenden oder verwilderten Tieren bestimmt neben der Beschaffenheit der Umgebung das Angebot an Nahrung die Reviergröße. Und die Persönlichkeit der Beteiligten. Während in Großstädten teils zwanzig Katzen oder mehr in einer Grünanlage leben und sich mit Lebensmittelresten und Futterspenden durchschlagen, sind die Streifgebiete eines Bauernhof-

katers teils mehrere Kilometer groß. Wie gesellig und kontaktfreudig die Katze auch sein mag – Halter von Freigängern sollten in der Regel keine fremden Samtpfoten ins Haus lassen oder gar anlocken. Die meisten Tiere sehen ihr Hab und Gut in Gefahr und leiden, wenn im Haus ein Kommen und Gehen herrscht. Sie sind ständig auf der Hut, wann jemand anderes auf ihr Körbchen oder den Futternapf Anspruch erhebt.

Eine Frage des Charakters: nicht jede Katze duldet Artgenossen im Revier.

DIE WELT IN 3-D

Das Revier einer Katze ist dreidimensional. Wer versucht, sich in seine Katze hineinzuversetzen, sieht seine Wohnung wahrscheinlich mit anderen Augen. Während wir Menschen nur die Grundfläche und Anzahl samt Anordnung der Möbel beachten, geht der Blick der Katze ebenso in die Höhe. Die Falbkatze, der Urahn der Hauskatze, hält sich gerne an erhöhten Plätzen auf. Obwohl Findus und Minka nicht mehr so sportlich sind wie ihre Vorfahren, bleibt ihnen diese Vorliebe erhalten.

Von einem Hochsitz aus haben sie stets die Umgebung im Blick, sehen, ob sich etwas verändert oder etwa die Fütterung naht.

Je voller, desto doller: zugestellte Räume entsprechen dem felinen Lifestyle.

Hier sind sie sicher vor Raubtieren und Störenfrieden wie kleinen Kindern oder dem Nachbarshund. Die perfekte Ruhezone für ein ungestörtes Nickerchen.

Platz ist in der kleinsten Hütte. Das Sprichwort gilt besonders für eine Katzenwohnung, sofern ein Mindestmaß an Raum zum Toben vorhanden ist. Bei den Vierbeinern kommt es vielmehr auf die Einrichtung an. Eine kleine, verwinkelte Zweizimmerwohnung, vollgestellt mit Möbeln, bietet mehr Katzenplätze als ein riesiges, minimalistisch eingerichtetes Loft. Als Katzenhochsitz eignet sich das Regal ebenso wie der Küchenschrank oder ein Kratzbaum. Idealerweise mit einer kuscheligen Decke für den ruhenden Beobachter. Ebenso ansprechend: ein freigeräumtes Fach im Bücherregal. Katzen lieben nicht nur erhöhte Plattformen, sondern auch Höhlen. Wo sie vermeintlich ungesehen und geschützt schlafen und dösen können. Ein ausgedienter Zeitungskorb auf der Kommode eignet sich dazu ebenso wie ein alter Pappkarton. Oder eine Decke, die über den Nachttisch gehängt wird. Es muss nicht immer teures Zubehör aus dem Fachhandel sein. Ein wenig Einfallsreichtum beim Arrangieren von vorhandenen Habseligkeiten erfüllt den Zweck ebenso gut.

Hoch hinaus! Ob Kommode, Regal oder Kleiderschrank: Katzen lieben erhöhte Plätze.

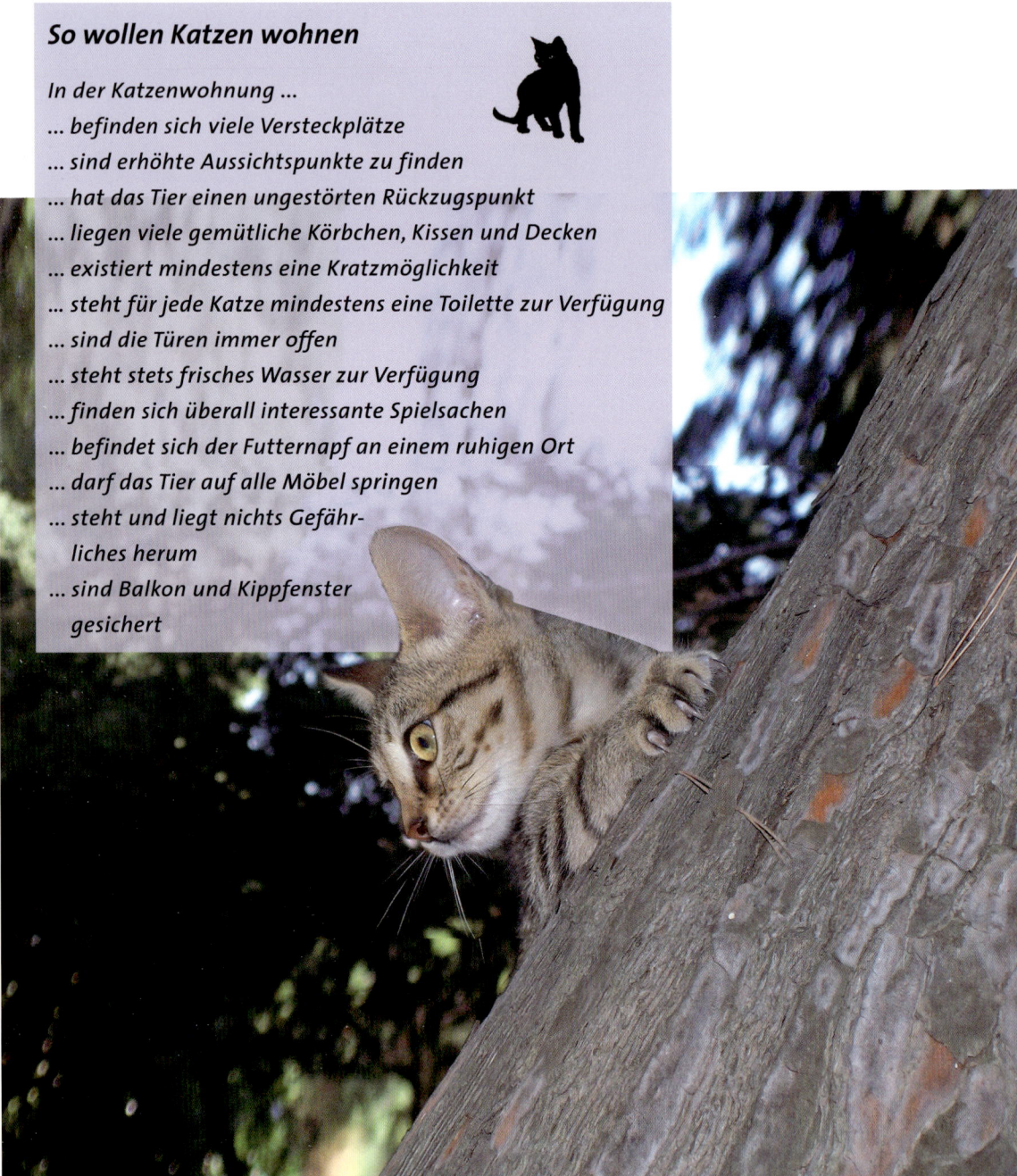

So wollen Katzen wohnen

In der Katzenwohnung ...

... befinden sich viele Versteckplätze

... sind erhöhte Aussichtspunkte zu finden

... hat das Tier einen ungestörten Rückzugpunkt

... liegen viele gemütliche Körbchen, Kissen und Decken

... existiert mindestens eine Kratzmöglichkeit

... steht für jede Katze mindestens eine Toilette zur Verfügung

... sind die Türen immer offen

... steht stets frisches Wasser zur Verfügung

... finden sich überall interessante Spielsachen

... befindet sich der Futternapf an einem ruhigen Ort

... darf das Tier auf alle Möbel springen

... steht und liegt nichts Gefähr-
liches herum

... sind Balkon und Kippfenster
gesichert

MODERNISIERUNGSGEGNER

Katzen sind traditionsbewusst. Große Veränderungen im Revier sind alles andere als willkommen (siehe Kapitel Wie immer, bitte!, Seite 53). Wenn auf einem riesigen Grundstück ein einzelner Baum gefällt wird, empfinden sie das als verschmerzbar. Steht der Katze aber nur eine kleine Wohnung zur Verfügung und wird diese renoviert, verändert sich somit ihr ganzes Revier. Das Gewohnheitstier Katze muss sich komplett neu orientieren, sein gesamtes Leben umstellen. Manch ein Tier erlebt einen schweren Schock und wird gar unsauber, wenn sich durch einen Umzug oder Nachwuchs im Haus alles ändert. Haben Sie also trotz allem Trubel Verständnis für Ihre Miez und versuchen Sie, die Veränderungen für sie möglichst schonend zu gestalten. In Zeiten des Umbruchs sind gemeinsame Kuschelstunden und lieb gewonnene Rituale wie das allabendliche Bürsten besonders wichtig. Selbst dann, wenn kaum Zeit dafür zu sein scheint. Vielleicht ist es möglich, nicht alle Räume auf einmal, sondern nacheinander zu renovieren. Zumindest zunächst ein Zimmer beim Alten zu belassen, damit das Tier nicht alles Vertraute auf einmal loslassen muss. Die Habseligkeiten der Katze wie Kratzbaum, Futternapf und Katzentoilette sollten den gewohnten Platz behalten, damit das Tier alles direkt wiederfindet. Bei einem Umzug beruhigt es die Tiere, wenn neben dem Revier Wohnung nicht auch noch zugleich alle Möbel ausgetauscht werden, sondern besser Stück für Stück. Haftet Körbchen und Decke der vertraute, alte Geruch an, wirkt das beruhigend. Also das Waschen am besten um einige Zeit verschieben. Mit Geduld, dem Einhalten von Ritualen und einer Extra-Portion Zuwendung verschmerzt die Katze in der Regel selbst den Verlust des geliebten Reviers.

KATZEN SIND AUCH NUR MENSCHEN

Oft wirkt es, als würde sich manch eine bequemliche Wohnungskatze selbst für einen Menschen halten. Oder hält sie ihren Menschen gar für eine Katze? Für Katzen sind wir alle gleich. Zumindest für diejenigen, die als Einzeltier eng mit Menschen zusammenleben. Schließlich ist der Mensch für sie alleiniger Spielkamerad, Kuschelpartner und Mutterersatz.

Denn Hauskatzen sehen in ihren Haltern hauptsächlich eine Mutterfigur. Nicht nur der weinerliche Kater, der den ganzen Tag maunzend hinter dem Menschen hertrottet, bis er verhätschelt wird. Auch die vermeintlich eigenbrödlerischen und selbständigen Exemplare werden von uns in die Kinderrolle gedrängt.

Ebenso die Bewohner eines Mehrkatzenhaushalts. Schließlich versorgen wir sie wie ihre Mutter mit Nahrung, unterstützen sie mit der Bürste bei der Fellpflege und suchen bei Streicheleinheiten Körperkontakt.

GEHEIMES DOPPELLEBEN

Wer hat nicht schon beobachtet wie sein Freigänger sich draußen ganz anders verhält als in der gemütlichen Stube. Der eben noch anhängliche Schmusekater verlässt das Haus und wird draußen zum wilden Raubtier. Er verprügelt seine Artgenossen, vertreibt sie aus dem Garten und kehrt dann zurück, um sich die Wunden zu lecken und von seinen Menschen für die verletzten Ohren mit Kratzspuren wie ein kleines Kind bemitleiden zu lassen. Wer solch ein Tier bei sich wohnen hat, kann beruhigt sein. Es handelt sich keinesfalls um ein geistesgestörtes Tier, sondern um eine ganz normale Hauskatze.

Katzen in menschlicher Obhut führen ein Doppelleben. Obwohl in unseren Katzen noch Wildheit brodelt, nehmen sie in unserer Nähe, umsorgt wie sie sind, die Kinderrolle an. Sicherstes Indiz dafür: das Maunzen. Das von uns so typisch empfundene Miau ist für Katzen eigentlich ein ungewöhnliches Signal der Kommunikation. Zumindest bei ausgewachsenen Tieren. Während die sich untereinander meist lautlos unterhalten, ist das Maunzen das Kommunikationsmittel der Katzenbabys. So rufen sie nach ihrer Mutter, wenn die kurz das Nest zum Jagen verlässt. Auch wenn sie geweckt werden, frieren oder andere Bedürfnisse haben, nehmen sie durch Miauen Kontakt mit der Mutter auf. Dass Katzen ihren Menschen mit eben diesem Geräusch rufen, lässt tief blicken. In die Grundfeste der Beziehung zwischen Zwei- und Vierbeiner.

Diese Rolle des ewigen Kindes, die die Katze in unserer Nähe zeigt, schweißt zusammen. Und verpflichtet. Nicht nur zum Decken der Grundbedürfnisse wie Nahrung und Futter, die jeder Tierhalter erfüllen muss. Auch dazu, dem Tier Sicherheit zu bieten. Es mit Aufmerksamkeit und Zuwendung zu bedenken. In Form von Streicheleinheiten und Beschäftigung.

Während Freigänger sich bei Langeweile alleine beschäftigen, benötigen vor allem Wohnungskatzen ein umfangreiches Unterhaltungsprogramm (siehe Kapitel Vierbeinige Sportskanonen, Seite 66). Ausgiebige Spiele ersetzen die fehlenden Streifzüge und helfen, gelangweilte Gemüter auszulasten.

TEAMWORK

Während der Mensch im Büro sitzt und arbeitet, döst die Katze daheim vor sich hin. Kommt der Zweibeiner müde nach Hause, geht für die Samtpfoten die Action los. Endlich kann der Tag beginnen. Nachdem die Katze Stunden mit Warten verbracht hat, begrüßt sie freudig ihren Menschen und buhlt um Aufmerksamkeit. Dass der wahrscheinlich müde ist und seine Ruhe haben möchte, ist ihr egal. Schließlich hat sie sich lange genug gelangweilt. Jetzt ist erst sie dran, bevor es an den gemütlichen Teil geht. Katzen kosten trotz aller Genügsamkeit Zeit. Und zwar täglich.

Durch das enge Zusammenleben und die Beschäftigung mit dem Tier kann die Bindung recht eng werden. Manch eine Miez ist allein froh über die Anwesenheit des Menschen, holt sich ihre Zuwendung in geringen Dosen und lebt sonst eigenbrödlerisch ihr Leben. Andere entsprechen eher dem Bild eines Hundes, liegen stets in der Nähe ihres Menschen und quengeln wie ein kleines Kind, wenn ihnen nicht alle Aufmerksamkeit zuteil wird. Manch eine Katze läuft sogar dem Auto hinterher, wenn ihre Menschenmami zur Arbeit fährt. Die meisten Beziehungen liegen irgendwo dazwischen. Mensch und Katze sind ein Team. Eins aus verschiedenen Persönlichkeiten, die sich einerseits im Laufe der Jahre aneinander anpassen, andererseits Freiräume brauchen.

Kapitel 2

Charaktertypen

Katzen ticken anders als Menschen. Gut so! Das macht sie schließlich so interessant. Manchmal haftet ihnen sogar etwas Mystisches an.

Starke Persönlichkeiten: der feline Charakter
Lebensphasen: vom Raufbold zum Senior
Katzenmythen: allerlei Vorurteile

Starke Persönlichkeiten: der feline Charakter

Eine Katze geht selbstbestimmt durchs Leben, gestaltet ihren Tagesablauf nach Lust und Laune. Wird sie ständig zu Streicheleinheiten genötigt, zieht sie auf den Küchenschrank. Wer eine Katze zum Freund haben möchte, muss vor allem eins: ihren Freiraum respektieren. Zum Streicheln oder Spielen zwingen lässt sich keine Katze. Eher dazu animieren. Sie will stets das Gefühl haben, Herr der Lage zu sein und entscheiden, wann es an der Zeit für bestimmte Aktivitäten ist. Natürlich kann der Mensch ihr immer wieder anbieten, nun doch die Spielangel zu jagen oder hinter dem Sofa zum Streicheln herzukommen. Aber nur ganz sanft, ohne Zwang. Fühlt eine Miez sich bedrängt, geht sie je nach Charakter aus dem Raum oder zieht in Extremfällen vielleicht sogar ganz aus. Entschleunigen heißt es also bei der Kontaktaufnahme mit einer Samtpfote. Aber schließlich ist es ja genau diese Individualität, die wir an Katzen so schätzen. Die Tatsache, dass die stolzen Tiere sich nicht kontrollieren lassen und eigene, kleine Persönlichkeiten sind. Dass sie sich nicht als Kuscheltier degradieren lassen wollen und uns nicht stets zu Willen sind. Wer sich das zu Herzen nimmt, hat schon halb gewonnen auf dem Weg, das Herz seiner Katze zu erobern.

Zufriedene Katzen sind kompromissbereit. Selbst was Freundschaften angeht.

KOMPROMISSBEREITE EIGENBRÖDLER

Wer der Katze ihre persönliche Individualität lässt und ihre Wünsche respektiert, bekommt mit ihr einen guten Freund. Jemanden, der keine Bedingungen stellt und immer ehrlich ist. Einen in schwierigen Zeiten tröstet und die Einsamkeit vertreibt. Und mit guter Laune und harmlosen Streichen Leben in die eigenen vier Wände bringt.

Im Gegenzug verlangt die Katze Zuverlässigkeit und Fürsorge. Dass sie sich immer auf ihren Menschen verlassen kann und der sie mit Aufmerksamkeit bedenkt. In ruhigen wie in stressigen Zeiten. Auch bei einer Katze nagt Vernachlässigung an der Freundschaft.

Warum die eigensinnigen Tiere überhaupt eine Beziehung mit uns eingehen? Weil sie kompromissbereit sind. Böse Zungen behaupten gar, sie seien opportunistisch. Nur durch diese Flexibilität sind sie überhaupt in die Nähe der Menschen gekommen und haben ihre Freiheit gegen Komfort eingetauscht. Wenn man sie nicht mit zu vielen Veränderungen auf einmal überfordert und alles behäbig und geduldig angeht, stellen Katzen sich auf erstaunliche Dinge ein. Besonders Wohnungskatzen, die eine innige Bindung mit ihrem Menschen eingehen, wirken manchmal richtig gefallsüchtig und versuchen alles Mögliche, um Lob einzuheimsen. Gibt es beispielsweise eine Belohnung oder nette Worte, wenn für das Kratzen der Kratzbaum statt des Sofas benutzt wird, wartet manch ein Tier lange vor dem Baum. Kommt der Mensch endlich vorbei, kratzt es wie auf Kommando am Sisal. Dabei sieht es seinen Futtergeber nach Lob gierend an. Solch eine Hauskatze kann mit der richtigen Taktik an vieles gewöhnt werden, was einer echten Wildkatze suspekt vorkommt. Etwa, den Wassernapf mit einer Bulldogge zu teilen. Oder gleich mehrere Artgenossen in der Wohnung zu dulden. Auch schüchterne Samtpfoten können davon überzeugt werden, dass Menschen ganz harmlos, ja sogar tolle Kuschelpartner sind. Sie brauchen nur mehr Zeit.

LAUTER UNIKATE

Laut und fordernd oder still und schreckhaft. Jede Katze ist einzigartig. Die einen lieben den Geschmack von Fisch, die anderen rümpfen darüber nur angewidert die Nase und bevorzugen Kalbsleber. Manch eine Katze hat bereits Angst vor dem Geräusch des Föns, einige Unerschrockene reiten auf dem eingeschalteten Staubsauger durch die Wohnung. Kaum glaubt ein Katzenfan, alles über die Vierbeiner zu wissen, kommt eine neue Samtpfote und straft ihn mit ihrer ganz persönlichen Note Lügen. Natürlich gibt es einen Konsens, der alle Verhaltensweisen zusammenfasst und auf jedes Tier mehr oder minder zutrifft. Doch jede Katze fügt diesem ihren eigenen Charme hinzu. Schrulligkeit und

Verrückt oder exzentrisch? Was bequem ist, entscheidet jede Samtpfote individuell.

Der schon wieder! Was die Tiere von klein auf kennen, erscheint ihnen später völlig normal.

verschrobene Charakterzüge sind in der Welt der Hauskatzen keine Seltenheit. Katzenhalter erzählen von den skurrilsten Marotten ihrer Tiere. Wie von der eigensinnigen Wohnungskatze, die nur mit lila Flummis spielt und alle anderen Farben links liegen lässt. Oder von dem Kater, der stets einem volkstümlichen Tanz gleichend in einer bestimmten Schrittfolge auf seinem Spielzeug herumlaufen muss, bevor er damit spielt. So gleicht kein Tier dem anderen – in der Optik wie im Verhalten.

EINE FRAGE DES CHARAKTERS

Es heißt, Samtpfoten besitzen einen starken Charakter. Woher sie den haben? Aus den Genen und ihren persönlichen Erfahrungen. Ganz besonders die Erlebnisse in den ersten Lebenswochen prägen und formen die Katzenpersönlichkeit. Während Wildgeborene einem Menschen nie blind vertrauen werden, bleibt eine Handaufzucht Zweibeinern gegenüber ihr Leben lang zutraulich. Wenn Katzen in einem Haushalt aufwachsen, nimmt der Mensch Einfluss auf ihr zukünftiges Leben. Ob er will oder nicht. Hier bestimmt der tägliche Umgang mit den Jungtieren, wie aufgeschlossen sie später Menschen gegenüber sind.

Je mehr Zuneigung die Tiere vom Menschen erhalten, desto mehr Vertrauen bilden sie zu der Spezies. Die Zeit zwischen der dritten und siebten Lebenswoche ist für das Sozialverhalten prägend.

Wichtig sind nun regelmäßiges Ansprechen, Streicheln und Beschäftigen. Die Umgebung nimmt ebenso Einfluss auf die Katzenpersönlichkeit. Wer in einem stillen Single-Haushalt aufwächst, lässt sich später schneller aus der Ruhe bringen als eine Miez, die in einer lebhaften Wohngemeinschaft mit starker Geräuschkulisse groß wird. Schreiende Kinder und große Hunde: alles ganz alltäglich, wenn man in den ersten Lebenswochen damit aufwächst. Was die Katze nicht von Anfang an kennt, wird später hingegen skeptisch beäugt und oft nur ganz langsam akzeptiert. Schlechte Erfahrungen prägen junge Katzen ebenfalls. Dazu müssen die Tiere noch nicht einmal bewusst schlecht behandelt worden sein. Werden sie zum Beispiel nur angefasst, um sie für den Tierarzt einzupacken, lernen die Kätzchen, dass menschliche Hände Unheil be-deuten. Die Hand als anfangs neutraler Reiz wird mit dem darauffolgenden Schrecken verbunden. Solch negativen Verknüpfungen können menschliche Katzenmütter vorbeugen. Indem sie den Dingen, die etwas Unangenehmes ankündigen, zusätzlich einen positiven Charakter verleihen und somit unnötigen Ängsten vorbeugen. So können Hände auch streicheln, die Transportboxen einen kuscheligen Rückzugsort bedeuten. Im Erwachsenenalter gemachte Erfahrungen wirken nur dann ähnlich pregnant, wenn sie drastisch ausfallen. Über kleine Unannehmlichkeiten sehen alte Tiere eher hinweg. Ein gestandener Kater, der an Hunde gewöhnt ist, lässt sich von einem Knurren nicht anhaltend irritieren. Eine traumatisierende Beißattacke hingegen kann ihn zum Hundephobiker machen.

Rassekatzen

Mit einer Rasse entscheiden sich Katzenfans nicht nur für die Optik ihrer Katze. Zuchtziel sind außerdem spezifische Charaktermerkmale, die eine Rasse kennzeichnen. Während die anmutig aussehende Siamkatze intelligent, aufgeweckt und Menschen bezogen ist, verkörpert die kompakte British Kurzhaar die Gelassenheit. Selbst Trubel in lauten Haushalten bringt sie selten aus der Ruhe. Die stammbaumlosen Europäisch Kurzhaar, zu der die meisten Katzen in Deutschland gehören, gleichen einem Überraschungsei. Man kann nie sicher sein, was in ihnen schlummert. Ein Risiko, welches Katzenfans meist gerne eingehen, um ihren ganz persönlichen Charakterkopf auf vier Pfoten zu bekommen.

Lebensphasen: vom Raufbold zum Senior

Ob Wildfang oder Ruhepol: nicht nur der Charakter entscheidet über das Temperament. Die Lebensphase bestimmt ebenso Aktivitätslevel und aktuelle Lieblingsbeschäftigungen.

NIEDLICHE CHAOTEN

Tollen Katzenbabys unbeholfen herum und purzeln in Form eines großen Knäuels über den Fußboden, wird selbst unterkühlten Zeitgenossen warm ums Herz.

Katzenbabys sind einfach niedlich. Sie zeigen sich von Natur aus neugierig. Ängste scheinen ihnen unbekannt. Weder vor Menschen, noch vor Gegenständen. In den ersten Lebenswochen sind sie aber auf ihre Mutter unbedingt angewiesen. Auf ihre Milch und die Wärme des Nests.

In den ersten Lebenswochen sind Katzen noch völlig hilflos.

Am Anfang zählen nur Mutter, Milch und Nestwärme.

Zwei Wochen lang sind sie zunächst allein mit schlafen, trinken und etwas herumkriechen beschäftigt. Sind alle Sinne erwacht und die eigenen Beine einigermaßen unter Kontrolle, beginnen sie, tapsend die Welt zu erkunden.

Alles Neue saugen sie begierig auf und lernen täglich dazu. Ihre Mutter bringt ihnen nun bei, wie sich eine Katze zu benehmen hat. Gemeinsam mit ihren Geschwistern lernen die Tiere unter mütterlicher Aufsicht zu jagen, klettern, kämpfen und untereinander zu kommunizieren. Da wird spielerisch die zuckende Schwanzspitze der Artgenossen zur Beute, das Geschwisterchen zum gefährlichen Konkurrenten. Fauchen steht ebenso auf dem Stundenplan wie der Nackenbiss. Wird die Mutter noch nach Wochen als Trampolin missbraucht oder trotz Warnungen nicht in Ruhe gelassen, lässt die anfänglich stoische Ruhe mit der Zeit nach und es setzt was. Schließlich will auch diplomatische Zurückhaltung bei den kleinen Rackern gelernt sein. Alles, was die Katze nun als normal befindet, erscheint ihr im späteren Leben alltäglich. Eine wichtige Zeit, die die Katze unbedingt im Familienkreis verbringen muss. Verlässt sie zu früh die tierische Familie, fehlen ihr im späteren Leben wichtige Verhaltensmuster. Ein Umzug im Alter von acht Wochen sollte nur im absoluten Notfall erfolgen.

DIE WELT ENTDECKEN

Verantwortungsvolle Katzenhalter geben ihre Jungtiere erst mit zwölf Wochen oder später ab, wenn die bereits den Katzenknigge beherrschen und in ihren sozialen Fähigkeiten gefestigt sind. In dem Alter sollte das Tier trotzdem einen Artgenossen beiseite haben. Ist das Kätzchen plötz-

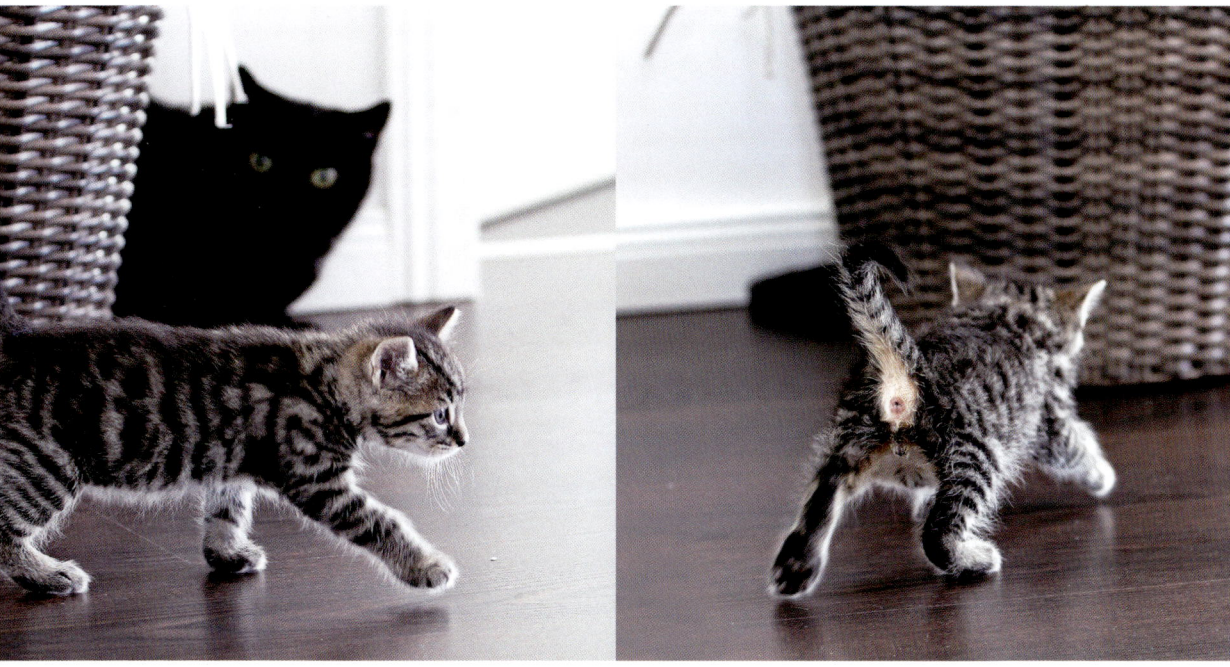

Sind die eigenen Beine unter Kontrolle, kennt die Entdeckerlust keine Grenzen.

lich in einer fremden Umgebung alleine unter Menschen, wirkt das schockierend. Dann ist niemand mehr da, der in derselben Sprache kommuniziert und mit ihm auf Katzenart tobt. Also muss der Mensch als Ersatz herhalten. Das kann bei einem kleinen Energiebündel ganz schön anstrengen. Außerdem passt sich die junge Einzelkatze in Kommunikation und Benehmen dem Menschen an. Arttypische Verhaltensmuster können teilweise verkümmern.

Kennt eine Katze die groben Grundlagen des arttypischen Verhaltens und ist mit etwa drei bis vier Monaten komplett entwöhnt, befindet sie sich in einer aufregenden Phase. Sie brennt darauf, die Welt zu entdecken. Kein Spalt hinter dem Schrank, keine Anhöhe ist vor ihr sicher. Alles wirkt so spannend und muss erkundet wer-

den. Nicht selten findet sich ein verloren geglaubtes Katzenkind in der voreilig geschlossenen Sockenschublade oder einem Spalt hinter dem Küchenschrank wieder. Nun müssen Katzenhalter einen besonders guten Spürsinn für gefährliche Stellen im Haus entwickeln und diese sichern.

Selbst geschlossene Schränke und Kartons stellen nicht unbedingt ein Hindernis dar. In ihrer Entdeckungslust und bei der Selbstbeschäftigung zeigen sich junge Katzen enorm einfallsreich und experimentierfreudig.

Die Energie der Tiere wirkt erstaunlich. Ruhige Tage existieren in einem Haushalt mit Katzenkindern nicht, ständig ist etwas los. Stundenlang klettern, rennen und jagen die Kraftpakete im Miniformat durch die Wohnung, bis sie ganz

Neugier siegt: Junge Katzen erkunden jeden Winkel ihrer Umgebung ...

plötzlich erschöpft einschlafen. Eine anstrengende Zeit, in der die im Wachstum befindlichen Entdecker viel Energie in Form von Futter benötigen. Wacht die Katze von ihrem Verdauungsschlaf auf, geht die wilde Erkundungstour sofort weiter. Nun freut sich, wer mehrere Kätzchen hat. Denn als vergleichsweise behäbiger Mensch kann man solch einem Energiebündel gar nicht genügend Beschäftigung bieten, um es auszulasten.

FRÜHER BENIMMKURS

Die wilde Kinder- und Jugendzeit ist die ideale Phase, um Katzen die Hausordnung nahezulegen. Jetzt lernt das Tier noch besonders schnell und muss nicht jahrelang bewährte Verhaltensmuster ablegen. Einen ganzen Verbotskatalog wird niemand seinem vierbeinigen Individualisten aufzwängen können. Aber ein paar Regeln und Wünsche wie die Unversehrtheit der menschli-

chen Mitbewohner verstehen und akzeptieren sie durchaus. Ist das Herumhampeln auf dem Esstisch während der Mahlzeiten verboten, sagen Katzenhalter es dem Tier es am besten gleich. Das vermeidet Missverständnisse. Ein kurzes Nein, gefolgt vom Herunterheben vom Tisch, zeigt meist die beste Wirkung. Im Idealfall wird das Tier bereits beim Versuch vorsichtig gestoppt und gelangt gar nicht erst auf den gedeckten Tisch. Langes Einreden und Argumentieren bleibt erfolglos und könnte gar als Belohnung aufgefasst werden. Besser als keine Beachtung in den Augen vieler Katzen. Lautes Geschrei hingegen könnte dem Tier Angst vor ihrem Menschen einjagen. Wer erst nach Jahren von dem gierig guckenden Tier, das seine Haare auf dem Butterbrot verteilt, genervt ist, hat es schwerer, seinen Willen durchzusetzen. Warum sollte die Katze begreifen, dass plötzlich verboten ist, was jahrelang erlaubt war.

... selbst wenn sie dabei die Einrichtung umreißen.

Auch Ausnahmen verstehen die Tiere nicht, sondern sehen sie als Einladung, es einfach öfter zu probieren. Konsequenz ist unerlässlich für den, der einer Katze seine Wünsche nahelegen möchte. Ob jung oder alt: Wer eine Katze erziehen möchte, muss ein guter Überredungskünstler sein. Die Katze bevorzugt stets das, was ihr am angenehmsten erscheint. Warum sollte sie den Kratzbaum in der dunklen Ecke benutzen, wenn der Antikschrank neben dem Wohnzimmerfenster viel näher an all ihren Lieblingsplätzen steht? Um seiner Katze etwas abzugewöhnen, schafft der Katzenhalter am besten eine Alternative. Eine, die unwiderstehlich ist und die Katze glauben lässt, sie wäre selbst auf die Idee gekommen, das unerwünschte Verhalten gegen das erwünschte einzutauschen. Ein mit Spielzeugen und Decken ausgestatteter Kratzbaum an einem bevorzugten Aufenthaltsort lässt den malträtierten Luxusschrank in den Augen der Katze alt aussehen. Lob beim Benutzen des korrekten Kratzmöbelstücks hilft zusätzlich.

Halbstarke Raufbolde messen ihre Kräfte.

KESSE JUNGSPUNDE

Hat die Katze die Umgebung bereits ausgiebig spielerisch erkundet und versteht, was ihre Menschen so machen, kehrt langsam Routine in den Katzenalltag ein. Richtig ruhig bleibt es dennoch nicht.

Wenn wilde Katzen mit etwa sieben bis neun Monaten ihre Mutter verlassen und ausziehen, können sie ihre Fähigkeiten bereits recht gut einschätzen. Ebenso die Hauskatze, die außerdem die Gewohnheiten ihrer Familie bereits kennt. Ihre Sprünge vollführt sie so punktgenau wie die Hiebe nach dem Spielzeug. Experimente, ob sie etwa in die viel zu enge Lücke zwischen Badezimmerschrank und Waschmaschine passt, hat sie bereits alle absolviert. Dennoch strotzt sie in dieser Phase vor Energie und Tatendrang. Nur sind ihre Unternehmungen gezielter und geschickter. Beim Herumzappeln vom Schrank fallen? Das liegt weitestgehend in dunkler Vergangenheit.

Hände sind kein Spielzeug

Viele Menschen animieren Katzenkinder dazu, mit Händen zu kämpfen. Was bei den kleinen Fellknäueln noch niedlich und harmlos erscheint, wird bei einem ausgewachsenen Kater mit sieben Kilo Lebendgewicht zur wahren Plage. Dass er stärker geworden ist, bleibt ihm unbewusst. Schließlich durfte er als Baby immer mit der Hand kämpfen. Warum also nicht jetzt? Dieses blutige Spiel sollte gar nicht erst eingeführt werden. Beißt das Tier oder kratzt es zu wild, ist das Spiel nach einem »Nein« sofort beendet. Verlaufen die Versuche stets ins Leere, wird es irgendwann selbst der hartnäckigsten Katze zu langweilig, zu ihrem Lieblingsspiel aufzufordern.

Jungkatzen stecken voller Energie. Wohl dem, der zwei hat, die sich gegenseitig auslasten.

Täglicher Sport in Form von Spielen hilft, die kleinen Wildfänge auszulasten (siehe Kapitel Vierbeinige Sportskanonen, Seite 66). Sie wollen immer mit dabei sein, in die menschlichen Tätigkeiten mit einbezogen werden. Wirkt das Tier trotz allen Beschäftigungsversuchen weiter unausgelastet, können gemeinsam eingeübte Kunststücke zusätzlich helfen. Wer der Katze »Sitz« oder das Balancieren über einen Balken auf Kommando beibringen möchte, benötigt ein gutes Timing. Zeigt das Tier durch seine Körperhaltung, dass es die erwünschte Pose von selber einnehmen möchte, sagt der Mensch schnell den passenden Befehl. Sitzt das Tier, erfolgt direkt das Lob. Und zwar bevor der Vierbeiner wieder herumläuft und sich fragt, warum es dafür gelobt

wird. So können Katzenhalter alles mögliche einstudieren und durch Wiederholung festigen. Aber nur dann, wenn das Tier Freude daran hat. Eine schlafende Katze wird sich nur selten zum Sprung durch einen Reifen überreden lassen.

AUSGEWACHSENE JÄGER

Sind die wilden Monate vorbei, folgt das Erwachsenendasein. Etwa mit ein bis zwei Jahren ist eine Katze ausgewachsen und in freier Wildbahn vollwertiges Mitglied der Katzengesellschaft. Das chaotische Sich-Ausprobieren liegt in weiter Ferne, die Wildheit der Flegelphase klingt ab. Katzenhalter haben ein gestandenes Tier vor sich, das neben seinen Fähigkeiten auch seine Bedürfnisse kennt. Viele Gewohnheiten und Rituale

Ausgewachsene Katzen sind perfekte Jäger und behaupten sich gegenüber Konkurrenz.

sind bereits verankert. Vorlieben und Abneigungen etwa bezüglich Futtersorten und Ruheplätzen ebenso. In welchen Dosen das Tier jagt, spielt, ruht und Kontakt aufnimmt, hat sich inzwischen eingependelt. Der Alltag wird vorhersehbar und die Anzahl der Überraschungen, die die Katze ihrem Menschen immer noch beschert, nimmt ab. Auch jetzt benötigt das Tier regelmäßige Zuwendung und Bewegung, muss aber nicht mehr bei jedem Geräusch angerannt kommen und bei allen Handgriffen prüfend daneben sitzen. Allmählich fällt es der Katze schwerer, sich an Neuerungen zu gewöhnen. Was für Jungkatzen ein Abenteuer, scheint für ausgewachsene Tiere oft lästig. Zieht etwa ein neuer Mitbewohner ein, gewöhnt sich die Miez oft nur mit viel Einfühlungsvermögen an die neue Situation. Beispielsweise dadurch, dass der fremde Mensch die Fütterung übernimmt.

SENIOR AUF VIER PFOTEN

Je älter die Katze, desto unflexibler wird sie. Sie hält stärker an ihren Gewohnheiten fest. Manch ein Katzenhalter versucht, mit einem Katzenbaby mehr Schwung in den vierbeinigen Alltag zu bringen. Ein Drama für den Senior, der einfach nur seine Ruhe haben und den persönlichen Alltagstrott möglichst lange beibehalten will. Oft sind Unsauberkeit, Aggressionen oder Zurückgezogenheit der Altkatze die Folge. Aufregung ist ihr zuwider. Viel eher benötigt sie einen beständigen Tagesablauf, in dem alles so bleibt wie gehabt. Sie schläft mehr als früher. Rennen und Springen fallen ihr allmählich schwerer. Zwar spielen alte Katzen noch und haben ihre »verrückten fünf Minuten«, in denen sie plötzlich ausflippen. Die werden allerdings seltener und gemächlicher.

Senioren auf vier Pfoten sind besser als ihr Image: in sich ruhend genießen sie den Lebensabend.

Dass eine Katze zum Senior wird, zeigt sich zunächst am nachlassenden Gehör. Dies beginnt häufig ab dem Alter von etwa acht Jahren. Reagiert das einst stets hungrige Tier nicht auf klappernde Futternäpfe, wirkt das zunächst desinteressiert bis ignorant. Doch wahrscheinlich ist Schwerhörigkeit die Ursache. Die Katze kommt seltener beim Ruf ihres Namens und bleibt sogar beim Knallen der Silvesterböller entspannt. Viele Exemplare maunzen dann lauter, weil sie sich selber kaum noch hören. Der Geruchssinn lässt ebenfalls mit der Zeit nach. Vieles im Napf lässt die Tiere nun kalt, weil es nicht mehr so verlockend riecht. Ein leichtes Erwärmen der Mahlzeit kann helfen, den appetitanregenden Geruch zu verstärken.

Trotz der nachlassenden Fähigkeiten kann das Leben mit einer alten Katze wunderschön sein. Ein in sich ruhendes Tier um sich zu haben, dem allein die Anwesenheit und Ansprache des Menschen samt ein paar Streicheleinheiten genügt, wirkt beruhigend. Wildes Toben weicht dem Bedürfnis nach vertrauter Zweisamkeit.

Katzenmythen: allerlei Vorurteile

Katzen wird oft Mystisches unterstellt. Ihr Sinn zum Individualismus und ihre etwas andere Lebensart hat ihnen schon viele Vorurteile beschert.

SIND KATZEN EITEL?

Manch ein Katzenhasser behauptet, die Tiere seien eitel, gar arrogant. Doch für solch selbstbezogene Charakterzüge ist im Wesen der Katzen kein Platz. Natürlich bemerken die intelligenten Tiere schnell, was uns Menschen gefällt, weil wir niedliches und anmutiges Verhalten mit Beachtung belohnen. Ihnen bleibt aber verborgen, ob sie wunderschön oder eher speziell aussehen. Obwohl diese Vermutung bei der vielen Zeit, die eine Katze für die tägliche Fellpflege verwendet, naheliegt.

Doch das Putzen gilt ausschließlich der Hygiene, der Entspannung und dem Aufrechterhalten der natürlichen Schutzfunktion des Pelzes (siehe Seite 64f). Nicht etwa dem Styling. Betritt eine vierbeinige Schönheit den Raum, schreitet sie oft erhobenen Kopfes an den Menschen vorbei. Selbst Besucher, die vor Verzückung schrille Laute ausstoßen, ignoriert das Tier schlichtweg. Arrogant? Keineswegs, nur gut erzogen. Direkter Blickkontakt gilt in der Welt der Katzen als unhöflich. Anstarren bedeutet sogar eine Bedrohung, auf die hin die kluge, unterlegene Katze den Blick abwendet. Deshalb sind Stubentiger meist von Menschen angetan, die nichts von ihnen halten. Schenken sie den Vierbeinern keine Beachtung, stellen sie keine Gefahr dar. Bewundert jemand unentwegt die Schönheit der Katze, ist der in ihren

Katzen gelten zu Unrecht als hochnäsig.

Unheimlich oder bezaubernd? Katzen wirken geheimnisvoll.

Augen ein unerzogener Flegel oder gar ein Raufbold, der sie aus ihrem Revier starren will.

Während der Hund dem Menschen gefallen will, zeigt es sich bei Katzen umgekehrt: der Halter unternimmt alles mögliche, nur damit die Miez ihn mit Zuwendung belohnt. Wer kennt das nicht: am Ende eines sowieso schon anstrengenden Tages fuchtelt der Mensch mit der Spielangel herum, vollbringt wahre Kunststücke, um sein Tier zu beglücken. Die einzige Reaktion nach langem Herumturnen ist ein gelangweilter Katzenblick. Na gut, also streicheln, denkt sich der Zweibeiner und streicht der Miez über den Kopf. Sie steht auf und verlässt den Raum. Ganz schön deprimierend. Doch hier ist eher Eigensinn als Arroganz im Spiel. Keine Katze will ihren Halter kränken. Nur etwas zu ertragen, um zu gefallen, liegt nicht in ihrer Natur. Stattdessen macht sie das, was ihr gerade am sinnvollsten erscheint. Zum Beispiel schlafen.

Das ist Teil ihres Lebensstils. Katzen lügen nicht. Sie zeigen stets, was sie wollen. Aber ist es nicht gerade das, weswegen wir sie so schätzen?

Die vielen Leben der Katze

Katzen können sich dem Volksmund nach glücklich schätzen. Schließlich haben sie sieben Leben, in England sind es sogar neun. Doch die enttäuschende Wahrheit für Katzenfreunde sieht leider anders aus: auch eine Katze besitzt nur ein Leben. Im Mittelalter galt die Katze als Sinnbild des Teufels. Als Unglücksbringer mit diabolischen Kräften, den es zu töten galt. Nicht selten warfen Menschen sie zur Strafe und um sich vor dem Teufel zu schützen, vom Kirchturm oder einem Hausdach. Eine große Überraschung, wenn das Tier solch einen Sturz überlebte. Dafür gab es nur eine Erklärung: die dämonischen Tiere müssen mehrere Leben besitzen. Weil die Sieben in der christlichen Religion, etwa als Anzahl der Todsünden, eine wichtige Zahl darstellt, wurden daraus sieben Leben.

KATZEN LANDEN IMMER AUF IHREN PFOTEN

Dass Katzen solch tiefe Stürze überleben, haben sie nicht nur ihrem flexiblen Skelett und den elastischen Gelenken zu verdanken, mit denen sie die Landung meist abfedern können. Am erstaunlichsten scheint die Tatsache, dass die Tiere fast immer auf den Pfoten landen. Unglücksfälle, bei denen eine Katze nach dem Sprung aus dem

vierten Stock auf dem Rücken gelandet ist, sind die Ausnahme. Im freien Fall beginnen die Tiere sofort, sich zu drehen. So schnell, dass es nur bei Filmaufnahmen in Zeitlupe richtig zu erkennen ist. Die Vorderbeine an den Körper gepresst und die Hinterläufe ausgestreckt, dreht sich zunächst der Vorderkörper. Bei der umgekehrten Bewegung im Anschluss dreht sich schließlich der Rest des Tieres in die richtige Richtung, um auf den Beinen zu landen. Was auf den ersten Blick vergleichsweise harmlos wirkt, hat oft besonders fatale Folgen. Stürzt die Katze aus geringerer Höhe wie der ersten Etage, bleibt oft zu wenig Zeit für die Drehung und das Tier fällt auf die Seite oder den Rücken. Der Fall in die Tiefe birgt also bei jeder Höhe immer ein Risiko. Deshalb sollten Fenster und Balkon in der Katzenwohnung zur Sicherheit mit Netzen ausgerüstet werden.

NEUGIER SIEGT

Ein häufig zitiertes Sprichwort lautet: »Neugier ist der Katze Tod.« Katzen sind tatsächlich von Natur aus neugierig. So sehr, dass das Interesse an neuen Dingen oft die Angst überwiegt. Wenn Katzen ihr Revier durchschreiten und nach dem Rechten sehen, gehen sie äußerst akribisch vor. Sie prüfen nicht nur die allgemeine Lage, sondern begutachten und beschnüffeln jedes kleinste Detail, das ihnen nicht bekannt vorkommt. So wird jeder Papierschnipsel, den der Mensch noch nicht einmal entdeckt, zum Untersuchungsobjekt. Zieht eine Katze neu in eine Wohnung ein, ist ihre Scheu meist kaum zu übersehen. Sie verhält sich zurückhaltend, läuft geduckt, immer auf der Hut. Dennoch siegt bei fast allen Katzen die Neugierde. Sie können einfach nicht anders und müssen die Wohnung erkunden. Selbst wenn sie zwischendurch mehrmals beim leisesten Geräusch die Flucht ergreifen. Manchmal kann die kätzische Neugier tatsächlich gefährlich werden. Etwa jungen Katzen, wenn sie die Welt samt aller Höhen, Hindernisse und Spalten erkunden. Der Duft der Freiheit, der durch das geöffnete Fenster hereinweht, wirkt auf Katzen aller Altersklassen unwiderstehlich. Schon viele Tiere haben sich beim neugierigen Schnuppern stranguliert. Davor schützt ein spezielles Gitter aus dem Fachhandel, das an den Rahmen geschraubt wird.

Was ist denn das? Bei harmlosen Veränderungen im Revier können Katzen nicht widerstehen. Sie müssen einfach alles untersuchen.

ÜBERSINNLICHES

In der Historie sind Samtpfoten unmittelbar mit Mystik verbunden. Manch ein Katzenhalter glaubt sogar, seine Miez könne Geister sehen. Schreckt sie mitten in der Nacht hoch und starrt wie versteinert eine Ecke des Zimmers an, wirkt das unheimlich. Spätestens dann, wenn das Tier ohne erkennbaren Grund das Fell sträubt und knurrt, läuft selbst abgeklärten Zeitgenossen ein Schauer über den Rücken. Schuld an diesem Gruselspektakel ist die hervorragende Sinneswahrnehmung der Tiere. Die ist der menschlichen Wahrnehmung in vielen Dingen überlegen. Katzen hören Töne in Frequenzen, denen gegenüber das menschliche Gehör völlig taub ist. Auch die Katzenaugen schaffen selbst bei schwachem Licht freie Sicht. Zusammen mit den Tasthaaren, deren Wurzeln bei kleinsten Vibrationen reagieren, sind Katzen echte Wahrnehmungsprofis. Dass Samtpfoten Geister bemerken, ist eher unwahrscheinlich. Auf jeden Fall wecken Dinge ihr Interesse, die uns Menschen verborgen bleiben. Womöglich ist die so unheimlich starrende Katze aufgeschreckt, weil sie in der Ferne andere Tiere hört. Oder sie nimmt die Vibration eines Lastwagens in der Nachbarstraße wahr. Durch die erstaunliche Wahrnehmung können Katzen sogar Schmorbrände riechen, während der Mensch noch unbedarft schlummert und mit den Pfoten erste Vibrationen eines nahenden Erdbebens spüren. So ist schon manch eine Miez in den Nachrichten gelandet, weil sie ihre Halter vor Gefahren gewarnt hat.

Ein Hauch Magie: Katzen haftet etwas Mystisches an.

GEDANKENLESER UND MENSCHENVERSTEHER

Katze und Mensch bilden oft ein inniges Gespann. So innig, dass es scheint, das Tier könne die Gedanken seines menschlichen Partners lesen. Kaum denkt man darüber nach, sie zu füttern, rennt die Katze zum Napf. Kurz vor dem Verlassen des Hauses ertönt lauter Katzenjammer. Telepathie? Nein, sondern Beobachtungsgabe. Katzen prägen sich alles ein, was um sie herum geschieht. Und zwar in der korrekten Reihenfolge. Dadurch wissen sie nach kurzer Zeit, welche Handlung auf welche Beobachtung folgt. Manchmal durchschauen sie unsere Verhaltensmuster besser als wir Menschen selber. Haben Sie vor dem Verlassen des Hauses in Ihrer Tasche gekramt? Wenn Sie das öfter machen, bevor Sie zur Arbeit gehen, weiß die Katze, dass es nun Zeit zum Verabschieden ist. Auch wenn Sie regelmäßig vor der Fütterung unentschlossen den Schrank angucken, lernt die Miez, dass dieses Verhalten Futter verheißt.

Wenn Katzen schon keine Gedanken lesen können, können sie wenigstens verstehen, was wir sagen? Ja. Allerdings anders als ein Mensch. Philosophische Darlegungen erscheinen der Katze ebenso unverständlich wie Erklärungen darüber, wie leid einem der anstehende Tierarztbesuch tut oder warum das Spielen mit den Schleifen auf den Designerpumps nicht nötig ist. Die Bedeutung kurzer, wiederkehrender Ausdrücke, die im Leben der Tiere eine Rolle spielen, verstehen sie durchaus. Auch ihr Name ist den Tieren schnell bekannt. Viele Katzen reagieren allerdings lieber auf den Namen »Futter« mit freudigem Kommen als auf Minka oder Findus. Aussprüche wie »Nein«, »Essen« oder »Leckerchen« bekommen meist nur dann eine Bedeutung, wenn sie für sich und immer in derselben Tonlage ausgesprochen werden. In einen Satz eingebunden geht das Wort im allgemeinen Rauschen menschlichen Geplappers unter. An langen Monologen erkennen die Tiere allein die Tonlage. Sie hören, ob der Mensch zornig, entspannt oder aufgeregt und erfreut ist. Auch die wiederkehrende Stimmlage, mit der viele Menschen Kinder und ebenso ihre Katzen ansprechen, wissen die Tiere als persönliche Ansprache zu deuten. Welchen Inhalt die übermitteln soll, allerdings nicht.

WASSERSCHEUE WESEN

Katzen und Wasser? Das passt nicht zusammen? Doch! Wenn sie Gelegenheit dazu haben, finden viele Samtpfoten Freude am Planschen. Der Versuch, eine Katze zu baden, endet allerdings meist blutig mit zerkratzten Armen und einem verschreckten Tier. Die Zwangsmaßnahme ist ihm suspekt bis bedrohlich. Fällt die Miez in die volle Badewanne, wird es sogar gefährlich. An den glatten Wänden findet sie keinen Halt, wieder herauszukommen. Die Folge ist wildes Gefuchtel. Eine Panikreaktion, die nichts mit mangelnden Schwimmfähigkeiten zu tun hat. Denn schwimmen können die Vierbeiner. Die meisten hassen es nur, komplett nass zu werden. Ist eine Katze erst bis auf das letzte Haar durchnässt, braucht sie lange, um wieder zu trocknen. Kein Wunder, dass die meisten Stubentiger diese Situation meiden.

Nicht so die Türkisch Van, die auch Schwimmkatze genannt wird. Sie besitzt keine Unterwolle und ist fasziniert von Wasser. Diese Katzen fangen Fische und gehen gerne im Gartenteich baden. Die riesigen Maine Coon lassen sich dank ihres Allwetterfells ebenfalls nicht von Nässe abschrecken und unternehmen sogar Spaziergänge im Regen.

Katzen hassen Wasser? Nicht, wenn es so aufregend plätschert und zum Spielen einlädt. Drohen sie komplett durchnässt zu werden, ergreifen die meisten Samtpfoten allerdings die Flucht.

Unter den anderen Rassen finden sich ebenfalls Vertreter, die dem kühlen Nass nicht abgeneigt sind. Besonders Jungkatzen empfinden es als spannend, mit ihren Pfoten im Wassernapf, der Blumenvase oder dem Aquarium zu planschen. Vor allem dann, wenn ein Laubblatt auf der Oberfläche treibt und zum Spielen animiert. Manch eine Katze trinkt sogar, indem sie ihre Pfote in den Wassernapf taucht und dann ableckt. Oder mit den Vorderbeinen im Wassernapf stehend. Fließendes Wasser übt eine ganz besondere Faszination auf Katzen aller Altersklassen aus. Sie werden vom aufgedrehten Wasserhahn magisch angezogen und nehmen dafür gelassen ein paar Wassertropfen auf dem Fell in Kauf.

DREIMAL SCHWARZER KATER

Besonders viele Mysterien ranken sich um schwarze Katzen. Schuld daran ist die Inquisition. Als ehemalige Verbündete heidnischer Gottheiten galten Katzen im Mittelalter als Sinnbild des Bösen. Wegen ihres angeblichen Hochmuts und der Lüsternheit.
Als Träger einer dämonischen Farbe hatten es schwarze Katzen besonders schwer. Es hieß, der Teufel besuche nachts Hexen in Gestalt einer schwarzen Katze. Die sollten sich ebenfalls in schwarze Katzen verwandeln können, um Unheil zu verbreiten. Besitzer einer schwarzen Katze mussten ständig fürchten, als Hexe tituliert und gefoltert zu werden. In diesem Sinne brachten die schwarzen Katzen tatsächlich Unglück. Zumindest ihren Haltern. Und sich selbst. Denn auch sie wurden gesteinigt und verbannt, um den Teufel zu vertreiben.

Keine Angst vor schwarzen Katzen. Noch immer gelten sie als Unglücksbote.

Somit wurde der Anblick schwarzer Katzen während der Inquisition immer seltener. Auch Quacksalber töteten komplett schwarze Tiere, um angeblich heilende Tränke und Pulver aus ihnen herzustellen. Von speziellen Rassezuchten abgesehen sind durch und durch schwarze Samtpfoten fast ausgerottet. Ihr Erbgut ist verschwunden. Die unglückselige Geschichte zeichnet sich noch heute auf dem Fell der Tiere ab. Wer eine schwarze Katze hat, entdeckt fast immer ein paar hellere Haare, die das Schwarz unterbrechen. Immer noch hält sich der Ruf der schwarzen Katze als Unglücksbote hartnäckig. Obwohl er keiner wissenschaftlichen Untersuchung standhalten würde. Erwiesen hingegen ist, dass sie Glück bringt. Denn jede Katze, egal welcher Farbe, verbreitet Freude und Behaglichkeit im Haus ihrer Menschen.

Kapitel 3

Alltag auf Katzenart

Die optimale Mischung aus Abenteuer und Gemütlichkeit: Katzen
in menschlicher Obhut wissen,
wie man sein Leben genießt.
Damit die feline Lebensart
im Revier Wohnung den
richtigen Schwung behält,
müssen die Zweibeiner
manchmal allerdings
etwas nachhelfen.

Wie immer, bitte! Das Gewohnheitstier
Ganz entspannt: gemütlicher Katzenalltag
Vierbeinige Sportskanonen: Bewegung
muss sein
Kleine Entdecker: Auf Tour im Revier

Schuftet der Mensch im Büro, macht die Miez es sich auf dem Sofa bequem.

Wie immer, bitte! Gewohnheitstier Katze

Wie in allen Lebensbereichen besitzen Samtpfoten auch eine ganz eigene Vorstellung davon, wie der perfekte Tag aussieht. Telefonieren? Langweilig. Ins Büro gehen? Bitte nicht! Und bei ausgelassenen Partys Dampf ablassen? Um Himmels willen! Schlafen, dösen und in kleinen Dosen harmlose Abenteuer erleben ist schon eher nach ihrem Geschmack.

Die erstaunliche Anpassungsfähigkeit der Katzen kommt auch in der Mensch-Katze-WG zum Vorschein. Wie in jeder Partnerschaft gleichen sich die Mitbewohner mit der Zeit an, nehmen Einfluss aufeinander. Katzen haben laut Studien eine beruhigende Wirkung auf Menschen, lassen einige sogar häuslicher werden, um mehr Zeit mit ihrer Miez zu verbringen. Die Vierbeiner stellen im Gegenzug ihren Tagesablauf auf den des Menschen ein. Insbesondere reine Stubentiger, deren Möglichkeiten zur Selbstbeschäftigung eingeschränkt sind. Ist der Mensch nicht zu Hause, schlafen oder dösen sie; kehrt er zurück, darf die Action beginnen.

Je mehr Zuwendung eine Katze erhält, desto stärker orientiert sich ihr Handeln am Menschen. Beim Hausputz, Pakete packen oder Wäsche sortieren ist sie gerne mittendrin im Geschehen und wühlt je nach Temperament mit in Kartons und aufgefalteten Handtüchern oder sitzt daneben und begutachtet das Werk des Menschen. Beim klappernden Einräumen der Spülmaschine darf die Miez ebenfalls nicht fehlen. Schließlich könnte das Geräusch der Futternäpfe einen Leckerbissen bedeuten. Während der Büroarbeiten sortiert sie die Unterlagen nach ihrem Gusto neu, bringt den Drucker durch zerren an den Ausdrucken auf Hochtouren oder liegt einfach entspannt auf dem Schreibtisch, um den Fleiß ihres Zweibeiners zu kontrollieren. So manch eine eifrige Samtpfote hat bereits auf der Tastatur schlafend Emails mit kryptischen Wortlauten an den Chef ihres Menschen verschickt. Wird es abends gemütlich, nimmt sie mit auf der Couch Platz und lässt den Tag ausklingen. Katzen, die kaum durch Ansprache und gemeinsame Aktivitäten beschäftigt werden, hören oft irgendwann auf, sich am Tagesablauf der Menschen zu orientieren und ziehen sich resigniert zurück.

TAGEIN, TAGAUS

Der ideale Katzentag sieht bis auf harmlose Neuerungen, die den Geist fit halten und Langeweile vertreiben, immer gleich aus. Katzen lieben die Vorhersehbarkeit. Sie fühlen sich nur dann absolut sicher, wenn sie wissen, was als nächstes geschieht. Ständige Veränderungen können sie im Extremfall so stark verunsichern, dass sie Ängste und auffälliges Verhalten entwickeln. Ginge es nach den Samtpfoten, würden die Menschen jeden Tag um dieselbe Zeit aufstehen, den Tag mit den immer gleichen Aktivitäten füllen, von denen viele die Katze mit einbeziehen und schließlich jeden Abend um dieselbe Zeit zu Bett gehen. Stets würden die gleichen Handgriffe und Tätigkeiten die nächste Aktion unmissverständlich einläuten.

Natürlich muss niemand sein Leben komplett nach der Katze ausrichten und für sie in ewiger Langeweile schmoren. Dennoch verhelfen wie-

Rituale wie das Mittagsnickerchen gehören zum Katzenalltag.

derkehrende Rituale nicht nur ängstlichen Katzen zu mehr Sicherheit und Selbstvertrauen. Zum Beispiel die ausgelassene Spielrunde, bevor der Fernsehabend beginnt. Das Bürsten vor dem Abendessen, das Betthupferl vor dem Schlafengehen oder die Tatsache, dass die Katze auf dem Sportteil schlummern darf, während man das Feuilleton der Tageszeitung liest. Doch Vorsicht: hat sich ein Ritual erst gefestigt, fordert das Tier es auch künftig ein. Notfalls lautstark und mit großem Einfallsreichtum. Freunde von Ausnahmen sind Katzen nicht.

Deshalb benötigen Katzenfreunde vor allem eins, wenn sie ihr Tier an Neues gewöhnen wollen: Geduld. Ein erlerntes Verhalten oder eine liebgewonnene Tätigkeit werden nur ungern abgelegt. Ändert sich ein Ritual oder fällt komplett weg, braucht das Tier lange, um sich daran zu gewöhnen. Kann der Mensch wegen Krankheiten zeitweise nicht die sonst wilden Spielstunden wahrnehmen oder ist nach langer Arbeitslosig-keit wieder außer Haus berufstätig, stürzt das die Katze in ein Dilemma. Ihr sonst vorhersehbarer Alltag wird plötzlich verwirrend. Das Tier muss sich neu zurechtfinden. Umso wichtiger, neue Rituale zu erfinden und an den alten, übrig gebliebenen besonders stark festzuhalten. Das schafft Sicherheit im Katzenleben und stärkt nebenbei die Bindung.

STRENG NACH ZEITPLAN

Katzen besitzen eine innere Uhr. Wenn der muskulöse, durchsetzungsstarke Kater aus dem Nachbarrevier immer kurz vor der Mittagszeit seine Runden dreht, sollte man als Vierbeiner diese Zeit verschlafen und seine Streifzüge auf die Abendstunden verlegen. Mit diesem Zeitmanagement regeln die Tiere ihren Tagesablauf und gehen Konflikten aus dem Weg. Auch im Mehrkatzenhaushalt steht Time-Sharing häufig auf der Tagesordnung.

Im Revier bestimmt ein Zeitplan über das Wegerecht.

Darf die eine Katze nachts auf dem kuscheligen Lesesessel liegen, gehört er der anderen am Tag. Die innere Uhr hilft den Tieren, zu erahnen, was als nächstes im Haushalt geschieht. Gibt es etwa zwischen sechs und sieben Uhr Futter, gehört dem Futterschrank bereits ab kurz vor sechs das Interesse des Tieres. Wahrscheinlich liegt es noch gemütlich im Körbchen, augenscheinlich schlafend. Wer genau hinsieht, erkennt, dass die Ohren bereits jedes Geräusch verfolgen und die Augen nicht mehr komplett geschlossen sind. Nun wartet die Katze nur noch auf die Reize, die die Fütterung normalerweise einläuten. Zum Beispiel, dass der Mensch die Napfunterlagen abwischt oder vorher noch schnell die Spülmaschine einräumt. Jetzt gilt die Aufmerksamkeit voll und ganz dem Zweibeiner. Das Klappern der Näpfe gibt dann den endgültigen Startschuss und das Tier läuft spätestens jetzt zu seinem Futterplatz oder veranstaltet gar ein großes Geschrei.

Feline Beschäftigung Nummer 1: Schlafen.

Ganz entspannt: gemütlicher Katzenalltag

Im Großteil des felinen Alltag geht es gemütlich zu. Die Samtpfoten sind nicht nur meisterliche Jäger, sondern haben auch die Kunst der Entspannung perfektioniert. Keine Seltenheit, dass eine Katze zwei Drittel des Tages verschläft. Energie sparen heißt die Devise, damit bei Bedarf alle Sinne ausgeruht und Kraftreserven aufgetankt sind. Wer weiß schon, wann die nächste Überraschung im Gebüsch nebenan lauert!

Im Land der Träume

Katzen kennen viele Formen der Erholung. Wie wir schlafen auch sie täglich für längere Zeit tief und fest, um den Körper zu regenerieren.

Manchmal begleitet von seltsamen Bewegungen, als würde das Tier im Liegen laufen. Dabei zuckt das Maul, aus dem abgehackte Laute kommen, manchmal ein Jammern oder Knurren. Wer bei diesem Anblick behauptet, Tiere könnten nicht träumen, gerät arg in Erklärungsnot. Obwohl es immer wieder Menschen gibt, die dies tun. Die Wissenschaft hält mittlerweile zu den Tierhaltern, die schon lange ahnen, dass ihre Schützlinge eine komplexere Gefühls- und Gedankenwelt besitzen, als man ihnen lange Zeit zugesprochen hat. Biologen haben in Tests herausgefunden, dass beim Tierschlaf teilweise ähnliche Hirnaktivitäten stattfinden wie bei den im Wachzustand ausgeführten Aktivitäten. Ein Indiz dafür, dass die Tiere im Schlaf Erlebtes rekapitulieren.

VIELE FORMEN DES SCHLAFS

Befindet sich die Katze im festen Schlaf, darf sie keinesfalls geweckt werden. Sie könnte vor lauter Schreck kratzen oder beißen. Und schließlich will niemand regelmäßig aus dem Schlaf gerissen werden. Das verunsichert ungemein. Also immer warten, bis das Tier von allein erwacht. Dann beginnt es, sich ausgiebig zu räkeln und zu strecken, um sich wieder auf Touren zu bringen. Nicht immer, wenn eine Katze im Körbchen liegt, befindet sie sich im Tiefschlaf. Manchmal hält sie einfach nur Siesta, um nach dem Fressen zu verdauen. Oder sich von der aufregenden Schmetterlingsjagd auf dem Balkon und der Begegnung mit dem Handwerker zu erholen. Beherrscht Tristesse den Katzenalltag, ruhen die Tiere oft aus purer Langeweile, weil sie sich nicht anders beschäftigen können. Sie vegetieren dösend vor sich hin. In dem Fall wird es allerhöchste Zeit für ein abwechslungsreiches Unterhaltungsprogramm (siehe Seite Kapitel Vierbeinige Sportskanonen, Seite 66).

Häufig sieht es aus der Ferne nur so aus, als würden die Tiere schlafen. Beim längeren Hinsehen erkennt man die Bewegung der Ohren und das leichte Heben zumindest eines Augenlids oder das minimale Zucken der Schwanzspitze, während die Katze vermeintlich entspannt im Körbchen liegt. Sie beobachtet die Umgebung, bekommt alles um sich herum mit. Ob die nach Parfum riechende Nachbarin sie wieder streicheln möchte, die Kaffeeklatschgesellschaft im

Gemütlich: Katzen sind Meister der Entspannung.

Schläft sie wirklich?

er auf klägliches Maunzen hin jedes Mal Futter, glaubt er irgendwann, er müsse dieses Theater veranstalten, um mit Nahrung belohnt zu werden. Also spielt er stets den nahenden Hungertod vor, wenn er Appetit bekommt. Und hofft darauf, dass sein Publikum mitspielt. Wer solch einen Schauspieler zu Hause hat, sollte versuchen, ihn erst zu füttern, wenn er kurz ruhig ist. Nur so hört das Gezeter dauerhaft auf. Aber das kann dauern, wenn das Tier erst einmal gelernt hat, dass Radau Futter zur Folge hat.

Wie wäre es mit einer gespielten Jagd mit einem Flummi oder einer Spielangel vor der Fütterung? In freier Wildbahn wird auch erst nach der Bewegung gefressen. Hat das Tier genug gespielt und sitzt ruhig da, darf aufgetischt werden. Am liebsten ein hochwertiges Futter mit hohem Fleischanteil. Verspeist die Katze draußen eine komplette Maus, nimmt sie dabei ebenfalls hauptsächlich Fleisch auf. Leider offenbart der Blick auf die Liste der Inhaltsstoffe vieler Fertigfuttersorten anderes. Schlachtabfälle sind häufig Hauptbestandteil, Zucker und Getreide zugesetzt. Genaues Studieren der Verpackung lohnt sich also. Gefressen wird bei Katzen individuell. Manch ein Tier schlingt alles in sich hinein, andere fressen ganz vorsichtig. Einige Katzen angeln sich Stückchen mit der Pfote einzeln aus dem Napf, um sie daneben zu fressen. Wer Frischfleisch in großen Stücken füttert, kann oft beobachten, wie die Katz es wie einen erlegten Vogel schüttelt, es anfaucht und den Nackenbiss imitiert, um es anschließend unter dem Küchentisch zu verspeisen. Ein großer Spaß für Stubentiger, die keine Mäuse fangen dürfen.

Bei der Nahrungsaufnahme kommt wieder die Liebe zur Gewohnheit zum Tragen. Wer stets nur eine Sorte füttert, darf sich nicht über Protest

Wohnzimmer sich bald verabschiedet oder die Kühlschranktür geöffnet wird. Vielleicht gibt es auch etwas Spannendes zu erkunden! Katzen lieben es, zu beobachten. Und zwar ganz nebenbei während sie uns glauben lassen, zu schlafen.

Mmh, lecker!
Ebenso gerne wie dem Ruhen widmen sich verwöhnte Stubentiger dem Fressen. Während wilde Katzen sich die Nahrung durch Jagd erarbeiten müssen, bekommt die bequeme Hauskatze ihr Futter vom Menschen vorgesetzt. Aber auch das will erst verdient sein. Zumindest in den Augen manch eines Schreihalses. Bekommt

Beute oder Spielzeug: bei frischem oder gekochtem Fleisch und Fisch verschwimmen die Grenzen.

Erlebnisgastronomie auf Katzenart ist gesund und weckt das Raubtier im Schmusetiger.

wundern, wenn die einmal nicht mehr erhältlich ist. Es wäre nicht das erste Mal, dass der laute Katzenjammer zu Hause Menschen dazu bringt, alle Futterläden im Umkreis von 50 Kilometern abzuklappern, um die begehrte Geschmacksrichtung doch noch zu bekommen. Um die Katze in Futterfragen aufgeschlossen zu halten, füttern Katzenfans am besten abwechslungsreich. Doch sogar Tiere, die regelmäßig zehn verschiedene Sorten Dosenfutter fressen, lehnen womöglich die elfte Geschmacksrichtung ab, die neu in den Napf kommt. Kein Problem im Alltag, aber ein Drama, wenn es sich um ein vom Tierarzt verordnetes Diätfutter handelt. Da hilft wie immer im Katzenhaushalt Geduld. Einfach unauffällig etwas von der neuen Sorte unter das Lieblingsessen mischen. Erst nur ganz wenig, um die Dosis unauffällig nach ein paar Tagen schrittweise zu erhöhen.

Achtung: Gift für Katzen!

Einige Lebensmittel können Katzen gefährlich werden, sogar tödlich wirken. Bei diesen Speisen heißt es Pfoten weg:

- *rohes Schweinefleisch und Wurst*
- *salzige Nahrungsmittel*
- *Zucker und Süßigkeiten*
- *Milch*
- *rohes Eiklar*
- *Muskatnuss*
- *Macadamianüsse*
- *Essensreste*
- *Futter für andere Tierarten wie Hundefutter*
- *Koffein*
- *Alkohol*

ALLES AN SEINEM PLATZ

Jede Katze braucht ihren festen Futterplatz. Sonst behauptet Minka gar, die Portion von Findus würde ihr ebenso gehören wie ihre eigene, weil sie an dessen Platz kürzlich gefüttert wurde. Ein fester Platz vermeidet nicht nur Missverständnisse, sondern schafft auch Sicherheit. Hier eignet sich ein ruhiger Ort, damit das Tier ungestört ohne ständiges Kommen und Gehen fressen kann. Immer voll sein muss der Napf nicht. Wer stets haufenweise Trockenfutter zur Verfügung hat, stattet dem Napf gerne einen Besuch aus reiner Langeweile ab. Fressen beschäftigt und ist ja so gemütlich. Selbst ohne richtigen Hunger. Diese Behaglichkeitsfresser erkennt man meist auf den ersten Blick am Körperumfang. Eine wildlebende Katze hat ebenso keine Futterreserven, sondern muss sich die Nahrung erst häppchenweise erjagen. Am besten werden mehrmals täglich kleinere Portionen gereicht – immer in einem frischen Napf. Der Geruch von altem Fleisch ist Katzen zuwider. So schützen sie sich davor, Verdorbenes zu fressen. Wilde Katzen scharren die unappetitlichen Reste größerer Beutetiere häufig mit Sand oder Laub zu. Wohnungskatzen deuten dieses Scharren oft an oder ziehen einen Zipfel ihrer Kuscheldecke über den Napf. Manch ein Tier scharrt so energisch, dass es mit Napfunterlagen aus Stoff und herangezogenen Handtüchern kunstvolle Gebilde auf dem Futternapf faltet, die fast als Origami durchgehen.

PROSIT!

Wilde Katzen trinken verhältnismäßig wenig und decken den Flüssigkeitsbedarf zum Großteil über ihre Beutetiere. Dennoch trinken auch sie. Im Gegensatz zu vielen Hauskatzen, die dem Wassernapf die kalte Schulter zeigen. Besonders Tiere, die Trockenfutter fressen, müssen in dem Fall zum Trinken animiert werden, damit sie gelette stehen. Bedienen sich trinkfaule Tiere aus der Blumenvase, kann die zum inoffiziellen Wassernapf umfunktioniert und regelmäßig nachgefüllt werden. Viele Katzenbesitzer jammern darüber, dass ihr Vierbeiner nur aus dem fließenden Wasserhahn oder Gartenschlauch trinkt. Unpraktisch, wenn der Mensch mehrere Stunden nicht im Haus ist. Abgesehen von den Haaren im Waschbecken. Eine Alternative bieten Katzentrinkbrunnen, in dem das Wasser ständig fließt. Bei völligen Trinkverweigerern hilft nur eins: etwas Wasser über das Futter kippen und schwenken, bis eine Art Soße entsteht. Milch ist als Wasserersatz ungeeignet. Früher hieß es, Milch sei die ideale Nahrung für Samtpfoten. Ein Ammenmärchen. Welche Katze in freier Wildbahn macht sich schon täglich eine Tüte Milch auf oder geht schnell eine Kuh melken. Die enthaltene Laktose führt oft zu Durchfall. Spezielle Laktose reduzierte Katzenmilch kann als Leckerchen gereicht werden, ist aber kein Ersatz für das Grundnahrungsmittel Wasser.

GRÜNZEUG

Ob Blumenstrauß, der Hibiskus auf der Fensterbank oder die feinen Halme auf dem englischen Rasen: fast alle Katzen fressen Gras oder anderes Grünzeug. Es hilft ihnen, bei der Körperpflege verschluckte Haare hervorzuwürgen. Nicht wenige Katzenhalter geraten in Panik, wenn ihre Katze das erste Mal ein Knäuel Haare auf den Teppich spuckt. Oft angekündigt von seltsam glucksenden Geräuschen. Völlig normal – schließlich müssen die unverdaulichen Haare irgendwie wieder raus aus der Katze. Sammeln sich zu viele im Magen, verursachen die so genannten Haarballen oft Verstopfung. Deshalb gehört in jeden Haushalt, in dem die Katze nicht selber in der Natur nach Gras suchen kann, Katzengras. Steht keins zur Verfügung, machen die

Fans von Trockenfutter müssen viel trinken.

nügend Flüssigkeit aufnehmen. Aber auch die Verweigerer benötigen einen täglich frisch gefüllten Wassernapf. Wer weiß, ob sie nicht doch heimlich darin schlecken. Draußen fressen Katzen nie dort, wo sie trinken.

So stellen sie sicher, dass das Wasser nicht verunreinigt wird. Ebenso sollte der Trinknapf nicht direkt neben dem Futterplatz oder der Katzentoi-

Tiere sich an anderen Zimmerpflanzen zu schaffen. Doch viele Gewächse auf der Fensterbank
oder in der Blumenvase sind giftig. Gehört Ihre
Katze nicht zu den Tieren, die die Haare wieder
hervorwürgen, kann spezielle Malzpaste beim
Abgang der verschluckten Fellknäuel helfen,
damit die leichter über den Kot ausgeschieden
werden.

DAS MUSS SEIN

Unweigerlich mit dem Trinken und Fressen verbunden ist der Gang zur Katzentoilette. Katzen sind von Natur aus stubenrein. Eine praktische Eigenschaft, die bestimmt nicht unschuldig an ihrer Beliebtheit ist. Draußen verbuddeln die Tiere ihre Hinterlassenschaften in Sand oder Erde. Das Katzenklo gefüllt mit Streu ist also eine hygienische Alternative zum Blumenbeet im Miniformat. In Wald und Garten würde keine Katze sich in eine enge Kabine ohne Fluchtmöglichkeiten zwängen, um dort ihr Geschäft zu verrichten. Viele Tiere fühlen sich in Haubentoiletten beengt und bevorzugen Varianten ohne Deckel.

Streitpunkt Katzentoilette: beim optimalen Standort scheiden sich oft die Geister zwischen Mensch und Tier.

Die verhornten Papillen machen die Katzenzunge zum perfekten Kamm und Massagewerkzeug.

Während das Tier das Nötige verrichtet, ist es hilflos und kann sich möglichen Gefahren nicht erwehren. Steht die Toilette an einem ruhigen Ort, verschafft das Sicherheit. Muss das Tier hingegen mitten im Trubel im Kinderzimmer oder neben der Haustür aufs Katzenklo gehen, entscheidet sich manch ein Vierbeiner lieber für den Fußboden in einer ruhigen Ecke als für das Katzenklo. Wer will schon bei dieser Beschäftigung gestört und beobachtet werden. Natürlich sollte die Toilette auch nicht so weit weg stehen, dass die Katze große Entfernungen auf sich nehmen muss, um dort hin zu gelangen. Muss sie jedes Mal vom Lieblingsplatz im ersten Stock in den Keller, um sich zu erleichtern, sucht sie sich vielleicht eine Alternative, wenn es eines Tages besonders dringend ist. In einem mehrstöckigen Haus steht am besten eine Toilette auf jeder Etage. Auch im Mehrkatzenhaushalt sollten mehrere Exem-plare zur Verfügung stehen. Mindestens eins pro Katze.

Katzen sind reinliche Tiere mit einer sensiblen Nase. Stinkt es nach starken Putzmitteln oder alten Hin-terlassenschaften, meiden sie den Ort. Deshalb sollten die Ausscheidungen im Katzenklo mindes-tens einmal täglich entfernt und bei der wöchent-lichen Grundreinigung nur sanfte Reiniger wie Neutralreiniger benutzt werden. Je größer die Toi-lette und je feiner die Einstreu, desto besser.

FELLPFLEGE

Die Katzenwäsche ist gründlicher als ihr Ruf es vermuten lässt. Gesunde Tiere verwenden viel Zeit darauf, sich ausgiebig am ganzen Körper rein zu halten. Nicht selten sogar eine Stunde täglich oder gar mehr. Putzen schafft Behaglichkeit. Zum Beispiel, bevor man sich nach dem Fressen genüsslich zum Schlafen zusammenrollt. Katzenhalter können das Säubern ab und zu ebenso in Form einer Übersprungshandlung beobachten. Fällt die Katze beim Schlafen vom Kratzbaum oder springt beim Spielen daneben, leckt sie sich kurz und energisch das Fell, als würde sie ihr Missgeschick überspielen wollen. Auf diese Art bauen sie angestaute Energie ab. Auch bei starkem Stress beruhigen sich Katzen mit der Fellpflege. Bei Dauerstress und Angstzuständen manchmal sogar so extrem, dass sie sich wund lecken und kahle Stellen den Körper übersähen. Ein Alarmsignal, bei dem dringend ein Tierarzt aufgesucht werden muss. Ebenso, wenn die Katze überhaupt keine Zeit auf die Fellpflege verwendet. Dann ist sie in der Regel schwer krank. Neben der Beruhigung dient die Körperpflege natürlich dem offensichtlichen Zweck: dem Säubern des Fells. So beugen Katzen Juckreiz vor, entfernen Schmutz und Gerüche. Letztere können nicht nur der Samtpfote selber unangenehm werden. Wer stark riecht, fliegt außerdem auf, wenn er sich an Beute heranschleicht oder sich vor anderen Tieren

versteckt. Außerdem ist der Eigengeruch eine Art Visitenkarte der Katze und muss in ihren Augen unbedingt aufrecht erhalten werden. Starke Verschmutzungen und abgestorbene Krallenstücke knabbert die Katze mit den Zähnen ab.

Die Hauptarbeit bei der Katzenwäsche aber verrichtet die raue Zunge, die wie ein Kamm wirkt und die Haare entwirrt. Kleine Haken machen die Zunge zum Massagewerkzeug, das nebenbei die Durchblutung fördert. So bringt eine Katzenmutter durch Lecken die Verdauung ihrer Jungen in Schwung. Außerdem regt das Mundwerkzeug die Arbeit der Talgdrüsen an. Das Fell wird leicht wasserbeständig und die Haut erhält eine Schutzschicht. Ein gepflegter Pelz gleicht einer Klimaanlage. Im Winter hält er warm, im Sommer kühlt das Lecken.

PUTZEN VERBINDET

Können kleine Kätzchen sich noch nicht selber rein halten, übernimmt die Mutter diese Aufgabe. Das macht nicht nur sauber, sondern ver-

Gemeinsame Schönheitspflege schweißt zusammen.

bindet. Wenn sie heranwachsen, lecken die Katzenkinder sich oft einander beim gemeinsamen Spielen. Noch bei befreundeten, erwachsenen Katzen können Tierfreunde die gegenseitige Fellpflege beobachten. Manch ein Tier putzt sogar seinen Menschen. In der Regel sind aber wir es, die die Katzen mit Zärtlichkeit bedenken. In Form von Streicheleinheiten und kleinen Massagen, bei denen die Hand wie eine große Zunge wirkt. Das erinnert an das wohlige Gefühl, von der Mutter geputzt zu werden. Es festigt die Beziehung zwischen Katze und Mensch. Riecht die streichelnde Hand jedoch nach Parfum, Putz- oder Lösungsmitteln, nimmt das geruchsempfindliche Tier Reißaus und verzichtet lieber auf die Streicheleinheiten samt unfreiwilliger Beduftung.

Vierbeinige Sportskanonen: Bewegung muss sein

Während Hunde sich bei Gassigängen, Agility und Hundesport austoben und Freigängerkatzen beim Jagen von Mäusen und Raufereien mit Artgenossen Dampf ablassen, liegt die Wohnungskatze auf ihrer Decke und bewegt sich oft nur dann, wenn der Mensch ein Bällchen durch den Flur rollt oder die Futterdose öffnet. Schnell gerät im Alltag in Vergessenheit, dass dort im Kuschelkörbchen ein hochqualifizierter Jäger liegt, dessen Fähigkeiten regelmäßig gefordert werden müssen. Findet die Katze nicht genügend Reize, wird sie träge bis lethargisch. Manch ein Energiebündel beginnt aggressive Kämpfe mit seinen

Harmlose Kampfspiele bringen Bewegung in den Alltagstrott.

*Papiertüten mit aufge-
schnittenen Henkeln
können Stubentiger
stundenlang beschäf-
tigen.*

Menschen, wenn es seine Bewegungslust nicht ausleben kann. Bewegung und Beschäftigung gehören zur artgerechten Katzenhaltung eben- so wie die Ernährung und Tierarztbesuche. Schließlich werden auch in freier Natur alle der erstaunlichen Sinne der Katzen ebenso abver- langt wie Muskelkraft und Körperbeherr- schung. Die regelmäßig zu fordern, ist die Aufgabe jedes Katzenfreundes.

Gemeinsames Spielen stärkt den Zusammen- halt zwischen Mensch und Tier. Die Katzen wer- den anhänglicher, entspannter und orientieren sich mehr an ihrem Zweibeiner. Ausgelastete Samtpfoten sind weniger launisch und stellen seltener Unfug an. Sie lassen die Menschen eher ausschlafen als chronisch unterbeschäf- tigte Katzen, die morgens Radau unter dem Bett veranstalten. Auch Aggressionen bauen sich durch das Toben ab. Ängstliche Katzen be- kommen durch die spielerische Jagd Erfolgser- lebnisse, die ihr Selbstbewusstsein stärken. Während des Herumtollens konzentrieren sie

sich komplett auf das Geschehen und können für den Moment ihre Ängste vergessen und entspannen. Außerdem hält Sport gesund, fit und wirkt gegen Übergewicht.

KLEINE FAULPELZE

Manchmal scheint es gar nicht so einfach, ein Tier zur Bewegung zu animieren. Trotzdem lohnt sich der Aufwand, wenn nicht Krankheit oder hohes Alter die Gründe für die Unlust am Spiel darstellen. Manch ein Tier scheint so träge und bequem, dass es bei aller Faulheit erst wie- der Freude an der Bewegung finden muss. Dann ist Einfallsreichtum gefragt. So wie die Fressgewohnheiten sind auch die Spielge- wohnheiten unterschiedlich. Der Trick liegt darin, das Spiel zu entdecken, dem die Katze nicht widerstehen kann. Vielleicht ist es eine Pfauenfeder, die langsam über den Boden ge- zogen wird oder eine Spielangel die wild durch die Luft wirbelt wie ein Vogel? Viele Katzen mögen Stöcke oder Spielangeln, die plötzlich unter dem Teppich oder einer Decke verschwin-

In fast allen Katzen steckt ein kleiner Höhlenforscher.

den. Wieder andere lieben hüpfende Flummis oder laut über den Boden rollende Tischtennisbälle.

Wer ein Spiel findet, das Interesse weckt, der hat schon halb gewonnen. Während eine Jungkatze nach der Spielangel unermüdlich springt, streckt ein dicker Faulpelz womöglich nur ungelenk die Pfote kurz danach aus. Aber schon das bedeutet einen Schritt in die richtige Richtung. Wer solch einen Sofahocker zu hause hat, darf ihn ruhig bereits bei kleinen Reaktionen loben. Hier heißt es, unermüdlich am Ball bleiben, immer wieder Spiele anbieten und eventuell noch spannender gestalten, damit das Tier sich an den neuen Zeitvertreib gewöhnt und irgendwann richtig auf

ausgelassenes Toben freut. Zwar wird aus einem eingefleischten Faulpelz nur selten ein Hochleistungssportler, aber schon kleine Aktivitäten können helfen, Stress abzubauen, die Neugierde wach zu halten und mehr Freude in den Katzenalltag zu bringen.

KEINE ANGST!

Scheue und ängstliche Katzen, die neu in einem Haushalt sind, spielen oft nur nachts alleine oder gar nicht. Sie sind so sehr damit beschäftigt, sich unsichtbar zu machen und keine Aufmerksamkeit auf sich zu ziehen, dass sie an ausgelassenes Toben gar nicht erst denken. Hier kann ein Federwedel helfen, die Angst vor dem Menschen ab- und mehr Selbstbewusstsein aufzubauen.

Spaß zu zweit: Die besten Katzenspiele sind die, in die ihr Mensch involviert ist.

Der Stab mit einem Büschel Federn an einem Ende hat schon so manch einen scheuen Vierbeiner unter dem Sofa hervorgelockt. Damit können Menschen vorsichtig Kontakt aufnehmen, ohne mit hektischen Bewegungen zu erschrecken und die Katze auf Distanz an die Anwesenheit ihrer Hand gewöhnen. Wer den Wedel zunächst in der Nähe der Katze schwenkt, erzielt wahrscheinlich schon erste Reaktionen. Dabei kann man ruhig und aufmunternd mit dem Tier sprechen. Die spielerische Beute sollte sich ein wenig entfernt von der Katzenpfote aufhalten, damit die Miez auf die Federn zukommt. Spielt die Samtpfote mit, kann der Wedel ganz langsam Schritt für Schritt von der Katze wegbewegt werden.

WIE GESPIELT WIRD

Die Katze sollte stets Zugang zu interessanten Gegenständen haben, mit denen sie sich selber beschäftigen kann. Das bietet aber keinen Ersatz für die Spiele, bei denen der Mensch mitmacht. Die sind immer die schönsten. Und ein besonderes Highlight des Tages. Sie eignen sich prima für eins der täglichen Rituale, das Katzen so lieben. So kommen zum Beispiel vor dem Fernsehabend Bällchen, Angel oder Spielmaus zum Einsatz. Werden die ausgepackt, sollten die Spielzeuge sich von der Katze wie echte Beutetiere wegbewegen oder an dem Tier vorbeihuschen. So können Samtpfoten beobachten, lauern und den richtigen Moment abwarten, um zuzuschnappen. Kommt die Spielangel auf die Katze zu und stößt sie an, wird aus der zu erlegenden Maus eine Bedrohung oder Belästigung und die meisten Katzen verlieren die Lust. Verschwindet der Bindfaden hinter der Gardine, weckt das hingegen die Neugier. Katzen sind keine Langstreckenläufer, sondern jagen auf kurze Distanzen. Deshalb ist selbst bei dem schönsten Spiel nach kurzer Zeit die Luft raus. Mehrere kurze Spieleinheiten von 10–20 Minuten sind sinnvoller als eine einzelne von über einer Stunde am Stück. Macht die Miez nicht mehr mit, dreht sich weg oder verlässt gar den Raum, ist das Spiel beendet. Wer jetzt noch wild herumwuselt, um die Katze zu animieren, verdirbt ihr nur den Spaß an dem Spiel. Schließlich soll die Katze sich auf die aufregende Action freuen und nicht von ihr genervt sein. Nach der Spielrunde verschwindet das Spielzeug im Schrank, damit es interessant bleibt.

Kleine Entdecker: Auf Tour im Revier

In freier Natur werden täglich alle Katzensinne gefordert. Überleben statt im Körbchen dösen heißt dort die Devise. Rennen, klettern und springen hält fit. Ebenso arbeiten Augen, Ohren und Tastsinn auf Hochtouren. Beim Jagen und Fliehen wie beim Kommunizieren und dem Erkundungsverhalten. Auch in der Wohnung sollten Katzen regelmäßig neue Reize erfahren.

MIT ALLEN SINNEN

Katzen sind von Natur aus neugierig. Sie möchten stets mitbekommen, wenn etwas im Revier geschieht. Wie kleine Blockwarte schreiten sie jeden Zentimeter ab, untersuchen das kleinste Detail mit ihrer Nase. Während große Einschnitte sie erschüttern, halten kleine Veränderungen

Katzenminze

Für Katzen, denen es schwer fällt, alles um sich herum zu vergessen und ausgelassen zu toben, existiert eine Geheimwaffe: Katzenminze. Die Pflanze versetzt die Tiere in eine Art Rauschzu-

stand. Sie beginnen, sich in dem Duft zu wälzen, selbstvergessen an Spielzeugen herumzukauen und wild durch die Gegend zu flitzen. Anders als bei Drogen ist dieser Rausch völlig ungefährlich und verfliegt nach kurzer Zeit. Katzenminze, auch Catnip genannt, kann entweder als Balkon- oder Gartenpflanze oder als Spray für Kratzbaum und Spielzeug erworben werden. Die getrockneten Blätter füllen und beduften außerdem Spielzeuge aus dem Fachhandel. Doch nicht jede Katze fliegt auf den betörenden Duft. Während die meisten völlig verrückt nach den harmlosen Drogen sind, bleiben sie bei einigen wirkungslos.

ihre Sinne wach. Auch im Revier einer wildlebenden Katze bleibt nicht alles jahrelang gleich. Stellen Sie doch mal einen Karton gefüllt mit
Papierschnipseln auf und sehen zu, wie die Katze
ihn erkundet. Dazwischen versteckte Leckerchen
erhöhen den Anreiz. Papiertüten mit abgeschnit-
tenen Henkeln laden ebenfalls zum Erkunden
ein. Mitbringsel von draußen wie kullernde Kas-
tanien oder raschelndes Laub riechen neu und
sind somit spannend für Stubentiger, die sonst
nur von denselben Gerüchen umgeben sind. Besonders aufregend riecht Heu, das in einen Karton gefüllt zudem ausgiebig mit den Pfoten
betastet werden kann. Ist das Tier nicht besonders schreckhaft, freut es sich über raschelnde
Spielzeuge wie zusammengeknüllte Brötchentü-
ten, spezielle Rascheltunnel oder knisternde Kat-
zenkissen. Wer dem Tier vor Verlassen des
Hauses eine kleine Überraschung ins Revier
Wohnung legt, schafft Beschäftigung während
seiner Abwesenheit.

*Wo steckst du denn? Gäbe es keine Pappkartons, würden
Katzen sie sicher erfinden.*

*Hab ich dich! Gemeinsame Spiele sind viel interessanter
als Selbstbeschäftigung.*

Wenn drinnen nicht los ist, schafft der Blick aus dem Fenster Abwechslung.

KATZEN-TV

Wird es Freigängern drinnen zu langweilig, gehen sie draußen auf Streifzug. Stubentiger dagegen kennen ihr Stammrevier in und auswendig. Jede Ecke wurde bereits zigmal geprüft. Neues passiert hier in der Regel nur selten. Umso schöner, wenn sie trotzdem etwas beobachten können. Zum Beispiel am Fenster. Mit Decken und Körbchen wird die Fensterbank zum felinen Fernsehsessel, von wo aus die Katze bequem Vögel beobachten und dem Rascheln des Laubes zuhören kann. Ist die Bank zu schmal, hilft ein daneben gestellter Kratzbaum oder Stuhl, einen gemütlichen Katzenplatz zu schaffen.

HOCH HINAUS

Wild lebende Katzen beobachten das Geschehen im Revier nicht nur vom Boden aus, sondern auch aus der Höhe. Kleine Klettermaxe freuen sich in der Wohnung über große Kratzbäume als Ersatz für Eiche und Erle. Ist kein Kletterbaum vorhanden, tun es in Katzenaugen notfalls Gardinen oder Tapeten, die mit Hilfe der Krallen erklommen werden. Wer keinen Platz für einen großen Kratzbaum hat, aber dennoch seine Vorhänge schonen möchte, kann die Kommode oder den Schrank an einer Seite mit einem mit Sisal verkleideten Holzbrett versehen. Oder einen Catwalk basteln. Dazu werden Holzbretter mit Teppich oder Sisal bespannt und in der Wohnung

Das Überwachen des Reviers ist für jede Samtpfote obligatorisch.

als Stege angebracht. Einer kann zum Beispiel als Rampe auf den Kleiderschrank führen, der nächste vom Kleiderschrank zur Garderobe in den Flur. Die Catwalks sind nicht nur äußerst beliebt bei Katzen, sondern fordern auch je nach Winkel und Breite das Geschick beim Klettern und Balancieren.

ICH WAR HIER!

Aus Hinterhof und Garten werden, von gelegentlichen Zusammenkünften abgesehen, Konkurrenten in der Regel vertrieben. Hier gewinnt normalerweise der Besitzer des Reviers, egal wie klein und mickrig er aussieht. Doch wozu prügeln, wenn nicht Napf und Kuscheldecke in Ge-

fahr sind! In den etwas weiter vom Körbchen entfernten Streifgebieten sind meist mehrere Katzen unterwegs. Ebenso in Großstadtrevieren, die Katzen sich aus Platznot teilen. Oft zu verschiedenen Zeiten, um Kräfte zu sparen und unnötige Raufereien zu vermeiden. Woher die Katze weiß, wer wann sonst noch unterwegs war? Sie riecht es.

Katzen hinterlassen Botschaften, wo immer sie gehen. Für uns Menschen sind diese Nachrichten oft nicht erkennbar. Gar nicht wahrnehmbar für uns ist zum Beispiel der Duft, den Katzen in ihrem Wohnbereich durch Reiben des Kopfes an Türrahmen, Stuhlbeinen und anderen Gegenständen verteilen. Die abgegebenen Duftstoffe

Eindringlinge spürt jede Katze sofort auf.

spritzt. Oft im Stehen. An einem so markierten Baum oder Zaun gibt es für andere Katzen keine Zweifel daran, wer diesen Weg wann gegangen ist. Andere Katzen sollten sich zu den bevorzugten Zeiten des Markierenden fernhalten, wenn sie keine Prügelei provozieren wollen. Zumindest dann, wenn sie nicht zu seinem Freundeskreis gehören. Markiert eine kastrierte Katze in der Wohnung, sieht sie womöglich ihr Revier in Gefahr. Durch fremde Tiere vor dem Fenster, einen neuen Mitbewohner oder andere Veränderungen wie eine Renovierung. Kann die Ursache nicht abgestellt werden, braucht das Tier Sicherheit durch Zuwendung, Rückzugsorte und Rituale. Doch Vorsicht: Das Harnmarkieren ist leicht zu verwechseln mit Unsauberkeit, die oft eine Folge von Schmerzen oder Ängsten ist, wenn die Katze sich zum Beispiel auf der Toilette gestört oder bedroht fühlt.

werden durch regelmäßiges Reiben ständig aufgefrischt. Das schafft Geborgenheit. Bei ängstlichen Katzen sorgt der große Frühjahrsputz, bei dem all diese Duftspuren gleichzeitig entfernt werden, eventuell für Verunsicherung.

HARNMARKIEREN

Während strenge Gerüche in den eigenen vier Wänden verpönt sind, darf es draußen auch etwas stärker riechen. Schließlich will die Katze zuweilen mitteilen: ich war hier. Für das Markieren unter freiem Himmel eignet sich aus Katzensicht hervorragend der Urin. Der wird anders als beim normalen Urinieren in geringen Dosen ver-

Freund oder Feind? Oder doch ein leckerer Happen? Der feine Geruchssinn offenbart den Tieren eine uns unbekannte Welt.

Beim Harnabsatz in der Wohnung außerhalb der Katzentoilette muss schnell ein Tierarzt aufgesucht werden, um mögliche Krankheiten wie eine Blasenentzündung zu behandeln, die häufig unbemerkte Ursache für das Problem sind. Erst nach Ausschluss einer Krankheit sollte ein Verhaltensberater aufgesucht werden.

KRATZEN

Auf den ersten Blick dient das Kratzen der Krallenpflege, um abgestorbene Teile zu entfernen und so die Krallen zu schärfen. Doch es besitzt ebenfalls eine kommunikative Funktion. Mal soll es imponieren, mal den Menschen zum Spielen auffordern. Das wilde Krallenwetzen baut außerdem angestaute Energie ab. Und gehört zum genüsslichen Strecken des Körpers nach dem Schlafen. Deshalb sollte in der Nähe des Ruheplatzes eine Kratzmöglichkeit vorhanden sein.

Betritt ein Besucher eine Katzenwohnung, erkennt er das meist sofort. Auch ohne die Tiere oder herumliegende Haare zu sehen. Fast jede Katzenwohnung wird durch Kratzspuren geschmückt. Mal ist es nur ein einzelner Sessel oder der abgewetzte Kratzbaum, mal die ganze Wohnung samt Tapeten. Diese Sichtmarkierungen helfen auch Katzen zu er-

kennen, wo eine Katze lebt. Der zerkratzte Apfelbaum im Garten sagt Eindringlingen: hier wohne ich und das ist mein Baum. Die Nachricht wird durch den persönlichen Duft, den die Pfoten beim Kratzen hinterlassen, noch unterstrichen.

KUMPELS ERLAUBT

Markiert und beduftet die Katze ihr Revier, gilt es nicht immer, jeden Artgenossen strikt zu vertreiben. Auch Katzen besitzen Kumpels, mit denen sie sich treffen. Sie sitzen zum Beispiel abends beisammen, augenscheinlich nichtstuend. Solche Sit-Ins dauern oft nur 20 bis 30 Minuten. Auf Garagendächern geben nachts Ansammlungen von Katern wie im Filmklassiker »Aristocats« gerne lautstarke Konzerte. Auch tagsüber treffen sich Katzen gelegentlich, beschnuppern sich, liegen gemeinsam auf der Terrasse oder begaffen die neue Nachbarskatze zusammen durch das Gartentor. Wer wie oft in der Nähe des Heims geduldet wird, hängt vom individuellen Charakter der Beteiligten ab. Ein Kommen und Gehen wie auf dem Bahnsteig mag allerdings kaum eine Katze.

Kapitel 4

Sozialleben

Entgegen ihrem Ruf haben Katzen häufig nichts gegen Gesellschaft einzuwenden. Untereinander kommunizieren die Tiere allerdings subtiler als mit Zweibeinern.

Von wegen Einzelgänger: Soziale Tiere
Miau! Wie Katzen sprechen
Körpersprache: lautlose Kommunikation

Sit-in der Samtpfoten: die sozialen Tiere treffen sich regelmäßig mit Artgenossen.

Von wegen Einzelgänger: Soziale Tiere

Dem Volksmund nach führen Katzen ein Einsiedlerdasein und sind nicht zu sozialisieren. Wer einmal in der Dämmerung im Stadtpark einer ganzen Kolonie verwilderter Hauskatzen begegnet ist, hat an diesem Vorurteil seine Zweifel. Zu Recht. Denn Hauskatzen sind im Gegensatz zu vielen Wildkatzenarten kontaktfreudiger als ihr Ruf es vermuten lässt. Sie jagen allein. Aber außerhalb der Mahlzeiten darf es ruhig gesellig werden.

FREUNDE TREFFEN

Nicht nur die Not der Heimatlosigkeit treibt Katzen in der Nähe von Futterstellen und trockenen Unterständen zusammen. Bauernhofskatzen etwa liegen trotz großem Platzangebot gerne nebeneinander im Heu. Während junge Kater manchmal gemeinsam das Revier erkunden, treffen sich ältere Katzen, um sich beisammen sitzend die Landschaft anzusehen. Benachbarte Tiere, die gemeinsam die neuen Kissen der Gartenstühle am anderen Ende der Straße auf ihre Bequemlichkeit testen, sind ebenfalls keine Seltenheit. Manchmal entstehen sogar echte

Enge Vertraute: befreundete Katzen sitzen gerne beisammen.

Freundschaften bei Samtpfoten, die sich erst im Erwachsenenalter kennengelernt haben. Ein Ingenieur, der wissen wollte, was sein Kater auf seinen Streifzügen treibt, hat eine Minikamera entwickelt und die am Halsband befestigt. Die so genannte Catcam (www.mr-lee-catcam.de) gibt Einblicke in das Sozialleben des vermeintlichen Einzelgängers. Neben Erkundungstouren und Nickerchen zeigen die Bilder regelmäßig Zusammenkünfte. Fast immer sind es dieselben Vierbeiner, die sich zum Beispiel vor dem Haus der neuen Nachbarn oder unter parkenden Autos treffen.

GESELLSCHAFT DAHEIM

Katzen mit Freigang treffen sich also auch außerhalb der Brautschau, die beim Großteil sowieso durch Kastration ausbleibt, mit Artgenossen.

Diese Möglichkeit zur Kontaktpflege sollten reine Stubentiger ebenso erhalten. Nur so können sie alle typischen Verhaltensweisen ausleben, auf Katzenart miteinander kommunizieren, gemeinsam toben und sich vor allem auch dann beschäftigen, wenn der Mensch nicht daheim ist. Natürlich können ebenso Einzelkatzen ein glückliches Leben führen, oft sogar ein stressärmeres. Sie benötigen allerdings ein höheres Maß an Beschäftigung durch den Menschen. Als alleiniger Sozialpartner muss er für ein umfangreiches Unterhaltungsprogramm sorgen. Aufregender wird das Leben allerdings mit einem Freund, der dieselbe Sprache spricht und genauso tickt wie man selber. Mit dem man spannende Erlebnisse wie die das Jagen der riesigen Motte und Erkunden des neuen Kratzbaums teilen kann. Der die Langeweile vertreibt, während der Mensch auf Reisen ist. Und der mehr an wilden Raufspielen interessiert ist als der zimperliche Dosenöffner. Wer seiner Katze einen vierbeinigen Kumpel gönnen möchte, sollte damit nicht zu lange warten. Leben Katzen zu lange alleine unter Menschen, akzeptieren sie je nach Gemüt manchmal keine Artgenossen mehr. Je jünger sie sind und je kürzer die Zeit im Kreis der Katzenfamilie samt Toben mit den Wurfgeschwistern zurückliegt, desto leichter fällt das Vergesellschaften. Dass Gegensätze sich anziehen, gilt für Katzen eher nicht. Voraussetzung für eine enge Freundschaft sind ähnliche Charakterzüge und Interessen. Wer gerne spielt, freut sich über einen Spielkameraden; ruhige Gemüter bevorzugen die Gesellschaft von ebenfalls entspannten Katzen, die nicht ständig um sie herumwirbeln. Liegt das Alter der Tiere zu weit auseinander, sind die unterschiedlichen Temperamente nur schwer zu vereinbaren.

Dass die Katze den Menschen als Mutterersatz ansieht (siehe Kapitel WG mit Miez, Seite 22), ändert sich im Mehrkatzenhaushalt nicht. Nur sind es dann zwei oder drei kindlich maunzende Tiere, die um Aufmerksamkeit buhlen. Wie bei menschlichen Geschwisterkindern kommt es auch in der Katzenwelt zu Eifersucht. Mal guckt die eine Katze neidisch, während die andere gestreichelt wird. Und das, obwohl sie selber zuvor eine halbstündige Massage bekommen hat.

Beim Spielen legen einige Wert darauf, als erster die Angel fangen zu dürfen. Die kleinen Eifersüchteleien sind aber nichts, was ein gutes Katzenteam stark belasten könnte, wenn es einmal eingespielt ist. Heikel ist die Anfangsphase, in der die Erstkatze viel Aufmerksamkeit benötigt und sich daran gewöhnen muss, ihren Menschen und ihr Revier zu teilen. Wer testen möchte, ob er mit einem Einzelkämpfer oder sozialem Typen zusammenlebt, prüft die Gesellschaftsfähigkeit am besten vorab mit der Katze von Nachbarn oder Freunden. Panik oder wilde Kämpfe entlarven den Einzelgänger. Ignorieren die Tiere einander oder zeigen freundliches Interesse, kann der Versuch »Zweitkatze« starten. Verkuppeln ist eine heikle Angelegenheit. Hat eine Katze Ihr Interesse geweckt, fragen Sie den Vorbesitzer oder das Tierheimpersonal nach den Charakterzügen und Erfolgsaussichten der Zusammenführung.

REVIER MIT ACHT PFOTEN

Auf die Reviereinteilung hat der Mensch nur wenig Einfluss. Die Mehrkatzenwohnung durchziehen unsichtbare Grenzen, die den Alltag der Katzen regeln. In neutralen Zonen wie dem Hausflur halten sich die Tiere gleichberechtigt auf. Andere Zimmer sind hingegen das Domzil des dortigen Chefs. Gibt die eine Katze in der Küche den Ton an, bestimmt die andere, wann sie im Wohnzimmer wo liegen darf und die anderen Vierbeiner ihr notfalls den Platz räumen müssen. Diese Grenzen fechten die Katzen untereinander selbständig aus. Manchmal kaum sichtbar mit Blicken und Posen, zuweilen lautstark mit Gesängen und Knurren, notfalls sogar unter Anwendung von Gewalt. Bei geringem Platzangebot oder besonders beliebten Plätzen greifen Katzen häufig auf eine Zeiteinteilung zurück, damit jeder zu unterschiedlichen Tageszeiten die Möglichkeit hat, die

Zu zweit kommt in der Wohnung nur selten Langeweile auf.

kleine Fensterbank oder das Kopfkissen zu nutzen. Beunruhigende Vorkommnisse im Revier wie eine Neumöblierung oder Party am Vortag können selbsternannte Katzenchefs besonders streng werden lassen, so dass sie zeitweise die andere Katze in dem betreffenden Raum nicht mehr dulden. Da hilft wie immer im Katzenhaushalt Geduld und das Aufrechterhalten der Routine.

Egal ob zwei Katzen oder fünf: oft zeichnet sich in der Katzenwohngemeinschaft ein Chef ab. Einer, der im Zweifelsfall immer siegt, auch wenn er in den Hoheitsgebieten der anderen Tiere gewissen Regeln unterworfen ist. Diese Gefüge sind aber äußerst fragil. Zieht die gesamte Truppe in eine neue Wohnung, kommt ein Mitbewohner hinzu oder verstirbt ein Tier, werden die Karten neu gemischt. Nicht wenige Underdogs sind nach so einem Wechsel regelrecht aufgeblüht, während die dominanten Tiere plötzlich kuschen mussten. Auch in wildlebenden Katzengruppen unterliegt die Hierarchie einem ständigen Wandel.

Kein Sozialsystem gleicht dem einer anderen Gruppe, keine Rangordnung bleibt wie beim Rudeltier Wolf eine Festlegung für lange Zeit. Man arrangiert sich eben in der Katzenwelt. Und dieses Arrangement bleibt nur bestehen, solange es bequem und praktikabel erscheint. Gleichwohl gilt in der Wohnung: je größer die Katzengruppe, desto mehr Konfliktpotential birgt die Konstellation und desto zerbrechlicher ist ihr Fundament.

Geschwisterliebe: nicht alle Fellkumpel kuscheln zusammen im Körbchen.

Dass sie miteinander im Körbchen kuscheln und sich täglich gegenseitig putzen, darf kein Halter mehrerer Katzen erwarten. Wurfgeschwister sieht man öfter dabei, auch manch eine enge Bindung entsteht unter Katzen, die sich erst später kennenlernen. Die meisten Tiere werden aber kein solch inniges Paar. Werden die Tiere im Laufe der Zeit einfach Kumpels, genügt das schon, um ihr Leben zu bereichern. Wenn sie das gemeinsame Spiel ebenso genießen wie das Nebeneinanderliegen auf dem Sofa. Viele Katzen achten dabei pingelig auf ihren persönlichen Freiraum und darauf, dass ein gewisser Puffer zwischen den Liegeplätzen bleibt. Wie groß der sein muss, ist individuell verschieden. Sogar gute Freunde müssen die Chance haben, sich aus dem Weg zu gehen. Für sich zu sein und die Ruhe zu genießen. Mit dieser Taktik gehen Katzen außerdem Konflikten aus dem Weg. In der Regel versuchen die Tiere, Streitereien zu meiden und eine diplomatische Lösung zu finden.

Miau, spiel mit mir! Mit dem Maunzen rufen Katzen ihre Menschen.

Miau! Wie Katzen sprechen

Mal wirkt es fröhlich, manchmal kess, ab und an sogar herzzerreißend: das Maunzen. Während ruhige Zeitgenossen nur selten ein Miau über die Katzenlippen bringen, kommentieren Plappermäuler alles, was sie gerade machen: »Sieh mal, wie ich auf den Schrank springen kann«, »Hier bin ich«, »Futter ist alle«. Dennoch hat das Geschrei stets einen Zweck: den Ruf nach der Mutter (siehe Kapitel WG mit Miez, Seite 22). Beziehungsweise den nach dem Mutterersatz Mensch. Schließlich funktioniert diese Taktik meistens. Auf ein Miau folgt fast immer eine menschliche Reaktion. Warum sollte die Katze

diese praktische Taktik im Erwachsenenalter ablegen, wo Menschen doch eher selten auf subtilere Signale reagieren. Viele Samtpfoten testen sogar verschiedene Tonlagen aus, vom kläglichen, leisen Miau bis zur schrillen Arie und bleiben bei dem Laut, der am häufigsten zum Erfolg führt.

Sie lernen, dass sie nur einen ganz bestimmten Ton treffen müssen, um Beachtung oder Futter zu erhalten. Manch eine Katze plappert gar mehrmals täglich minutenlang vor sich hin. Besonders die Redseligkeit der Siamkatzen mit ihren vielen Tonlagen ist legendär. Leben zwei Tiere zusammen, entwickeln sie häufig im Laufe der Zeit einen gemeinsamen Dialekt. Von Geburt an taube Katzen maunzen übrigens ebenso wie ihre hörenden Artgenossen. Oft allerdings viel lauter.

DROHLAUTE

Wilde Katzen, für die niemand eine Dose öffnet, wenn sie maunzen, geben sich eher wortkarg. Als Meister der feinsinnigen Kommunikation unterhalten sie sich in der Regel wortlos. Die für Katzen unmissverständlich lesbaren Signale bleiben Menschen meist verborgen. Laut wird es erst in Notlagen. Das im Tierreich verbreitete Fauchen etwa lässt keinen Raum für Missverständnisse. Selbst unerfahrene Katzenfreunde erkennen die Bedeutung sofort: »Finger weg!« Eine Warnung, den Fauchenden in Ruhe zu lassen. Manche Tiere verleihen dem Laut, der beim Ausstoßen von Luft entsteht, durch Spucken noch mehr Ausdruck. Bleibt der drohende Hilferuf der bedrängten Katze ohne Wirkung, folgt oft ein kehliges Kreischen. In äußerster Erregung bringt das Tier so seine Angst zum Ausdruck, wenn es nicht fliehen

Nun reicht es!

Wird ein Spiel zu brutal, dürfen Menschen natürlich aufschreien. Bleibt das ebenso wie ein bestimmtes »Nein« erfolglos, hilft im Zweifelsfall ein Zurückgreifen auf die Katzensprache. Ein Anpusten kommt dem Fauchen relativ nahe und sagt: »Du bist zu weit gegangen.« Mehr Ausdruck bekommt das Pusten mit einem gleichzeitigem Zischlaut. Danach sollte das Spiel sofort beendet und erst wieder aufgenommen werden, wenn das Tier sich beruhigt hat.

Will eine Katze in Ruhe gelassen werden, zeigt sie eindeutige Signale.

kann. Und kündigt die Bereitschaft an, sich notfalls zu wehren, falls die Bedrohung nicht verschwindet. Hat ein anderes Tier es auf die Beute oder den Schlafplatz abgesehen, ertönt zur Abschreckung ein tiefes Knurren. Eine unmissverständliche Drohung an Störenfriede: »Wer nicht bald verschwindet, wird angegriffen.«

EIGENARTIGE GERÄUSCHE

Manch ein Katzenhalter beschwert sich, dass seine Miez eher wie eine Taube als eine waschechte Hauskatze klingt. Tatsächlich erinnern die Gurrlaute mancher Stubentiger an Federvieh, klingen allerdings oft etwas heller und fröhlicher. Das Gurren setzen Katzenmütter ein, um mit ihren Jungen zu kommunizieren. Wenn sie etwa Beute mit nach Hause bringen. Viele Samtpfoten begrüßen auf dieselbe Art ihre Menschen, fordern sie auf, mit in die Küche zu kommen oder bei einem Spiel mitzumachen. Wie das »Miau« wird auch das fröhliche »Gruh« je nach Temperament unterschiedlich häufig eingesetzt. Träge und scheue Tiere benutzen es selten, Menschen bezogene Energiebündel gurren häufig.

Wen das Gurren schon überrascht, der sollte seine Katze erst schnattern hören. Sitzt sie aufgeregt mit zitterndem Kiefer auf der Fensterbank und schnattert vor sich hin, übt sie

Schnurren entspannt. Beim Dösen wie in heiklen Situationen.

keineswegs für den nächsten Wettbewerb im Imitieren von Vogelstimmen. Sondern beobachtet wahrscheinlich einen Vogel oder ein Eichhörnchen.

Katzen schnattern, wenn sie eine verheißungsvolle Beute sehen, aber genau wissen, dass diese unerreichbar ist. Eine Art Ruf, der die Beute anlocken soll? Der immer wieder ins Leere laufende Nackenbiss? Oder einfach eine Übersprungshandlung, um die Anspannung zu kompensieren? Laien und Wissenschaftler haben schon viel über das Schnattern spekuliert, dessen Sinn aber noch nicht herausgefunden.

DAS SCHNURREN

Das Erstaunlichste Geräusch, das Katzen von sich geben, ist das Schnurren. Es beruhigt menschliche Nerven, senkt den Puls und soll sogar Muskelverspannungen lösen und Knochenbrüche schneller heilen lassen. Nichts wirkt behaglicher, als abends auf dem Sofa mit einer Katze auf dem Schoß zu sitzen, die mit geschlossenen Augen vor sich hin schnurrt. Erzeugt wird dieser Laut mit Hilfe von zwei Hautfalten, die als zusätzliche Stimmbänder dienen. Bei manch einer Katze ertönt nur ein ganz leises Surren, andere vibrieren lautstark am ganzen Körper. Bei jeder Intensität gilt: das monotone Schnurren beruhigt.

Glaubt man dem Volksmund, deutet das Schnurren eindeutig auf das Wohlbefinden hin. Wer schon einmal eine verängstigte Katze schnurrend auf dem Behandlungstisch des Tierarztes gesehen hat, ahnt, dass die schnurrende Katze sich nicht zwangsläufig wohlfühlen muss. Masochismus existiert schließlich in der Welt der Katzen nicht. Dennoch erzeugen sie diesen Laut ebenso in unangenehmen Situationen. Das Schnurren dient der allgemeinen Beruhigung.

In der entspannenden Kuschelstunde wie zur Beschwichtigung. »Bitte tu mir nichts«, bitten so junge Katzen ältere Artgenossen um Nachsicht. Erwachsenen Stubentigern dient das Schnurren gegenüber stärkeren Tieren und in scheinbar ausweglosen Situationen wie beim Tierarzt als Beschwichtigungsgeste, um einen offenen Konflikt zu vermeiden. Außerdem beruhigt es die schnurrende Katze selbst. Ranghöhere Tiere schnurren, um zu zeigen, dass sie dem unterlegenen Tier gegenüber wohlgesonnen sind.

Der Laut erscheint ähnlich universal wie das menschliche Lächeln. Auch ein lächelnder Mensch ist nicht immer glücklich, sondern manchmal nur verlegen. Er weiß nicht, wie er auf sein Gegenüber reagieren soll oder will es beschwichtigen. Eine weitere Gemeinsamkeit beider Gesten: sie werden bereits im Babyalter erkannt und erlernt. Katzenmütter schnurren beim Säugen zum Beruhigen ihrer Jungen. Die Kätzchen zeigen ihrer Mutter durch das Schnurren wiederum, dass alles in Ordnung ist.

Schnurren für Zweibeiner

Sie möchten Ihrer Katze ebenfalls durch Schnurren zeigen, dass alles gut ist und sie sich entspannen kann? Dann flüstern Sie beim nächsten Zusammensitzen auf der Couch doch einfach monoton vor sich hin. Lieber etwas brummend als zischend. Katzen interpretieren leises Flüstern häufig als Schnurren und stimmen mit ein.

Körpersprache: lautlose Kommunikation

Um sich mitzuteilen, sind Katzen nicht unbedingt auf die Stimme angewiesen. Sie haben die stille Kommunikation perfektioniert. So sehr, dass sie sich auf der Wiese treffen, sich nebeneinander setzen und die Umgebung betrachten können, ohne auch nur einen Laut von sich zu geben. Ja sogar, ohne sich direkt anzusehen. Wenn Katzen sich unterhalten, sind es oft winzige Details, die eine große Rolle spielen. Etwa ein Muskelzucken, das eine aufkommende Unruhe ankündigt. Welcher Katzenfreund hat nicht schon erlebt, dass die Streichelstunde mit der wohlig zusammengerollten Miez jäh endete. Ohne ein ersichtliches Zeichen. Gerade noch die Hand des Menschen in vollen Zügen genossen, springt die Katze plötzlich auf und verlässt den Raum. Oder verteilt gar Pfotenhiebe. Keine Seltenheit, aber vermeidbar. Wenn die Katze genug hat, erkennen aufmerksame Beobachter dies an einem leichten Zucken am Rücken oder der Schwanzspitze. Dass viele der subtilen Katzensignale an uns vergleichsweise unaufmerk-

Da war doch etwas! Katzen zeigen mit ihrer Körpersprache, wozu sie gerade aufgelegt sind.

samen Menschen vorüber gehen, können sie nicht verstehen. Ebenso die für Zweibeiner völlig alltäglichen, ausufernden Gesten, die zuweilen einer scheuen Katze einen Schreck einjagen.

Was bei Jungtieren auf Menschen niedlich wirkt, soll andere Tiere abschrecken.

MISSVERSTÄNDNISSE

Zum Glück sind Katzen ihren Menschen gegenüber äußerst nachsichtig. Und verzeihen so manches Missverständnis, das aufgrund mangelnder Sensibilität zustande kommt. Etwa, dass wir ihrem Wunsch, die Tür zu öffnen nicht nachkommen, weil wir ihn einfach nicht erkennen. Während die Katze in ihrem Körbchen sitzt, überlegt sie vielleicht, dass sie nun gerne ins verschlossene Arbeitszimmer gehen würde.

Schließlich sind Türen eine unmittelbare Aufforderung, nachzuschauen, was sich dahinter verbirgt. Aber wozu aufstehen, wenn die Katze weiß, dass sie die Tür sowieso nicht öffnen kann. Also beginnt das Tier, sie anzustarren. Nicht etwa, um sie mittels Telepathie zu öffnen. Katzen sind nicht so arrogant, dies zu glauben. Der Blick auf die Tür ist eine Aufforderung an den Menschen, sie zu öffnen. Gar nicht bemerkt? Macht nichts. Will das Tier um jeden Preis hinein, greift sie auf den sprichwörtlichen Wink mit dem Zaunpfahl zurück. Dass der Menschen eher zu Reaktionen verleitet, lernen die Tiere schnell. Also wird die Katze wahrscheinlich aufstehen und sich vor die Tür setzen. Notfalls unter Zuhilfenahme von Stimme und Krallen.

GANZ SCHÖN DUFTE

Der Geruchssinn spielt im Leben der Katze eine große Rolle. Schon vor dem Sehen und Hören erwacht bei Katzenbabys die Fähigkeit, Gerüche wahrzunehmen. Etwa den des schützenden Nests. Tauschen Katzen Informationen aus, geschieht dies oft olfaktorisch. Ein Grund, warum die Tiere ihre Menschen oft beschnüffeln, wenn die nach dem Einkaufen wieder nach Hause kommen. Der Geruch sagt mehr als Worte. Wo war er? Was hat er angefasst? Hat er anderen Menschen die Hand gegeben? Oder gar fremde Tiere gestreichelt? Katzen beschnüffeln auch das Gesicht ihres Menschen. Dabei berühren sie die Nase mit ihrer, so wie es auch befreundete Katzen zur Begrüßung machen. Den Smalltalk mit Fragen nach dem Befinden und danach, was der andere gerade gemacht hat, erledigen sie so in Sekundenschnelle. Zur ausgiebigeren Unterhaltung beriechen sie sich gegenseitig intensiver. Etwa am Hinterteil. Eine intime Geste, für das ein gewisses Vertrauen

Das Freiluftrevier steckt voller spannender Gerüche. Etwa von Artgenossen, die zuvor dort waren.

Was den Menschen die Umarmung,
ist den Katzen das Wangenreiben.

vorhanden sein muss. Zeigt Ihnen Ihre Miez also den Allerwertesten, deuten Sie dies bitte nicht als Beleidigung, sondern als Einladung zu einer vertraulichen Konversation. Dass diese Art der Unterhaltung nicht jedermanns Sache ist, können die Tiere aber verschmerzen.

Mit dem Köpfchenstoßen tauschen sie Duftstoffe aus und schaffen einen gemeinsamen Gruppengeruch. Der wird regelmäßig aufgefrischt, auch bei geliebten Menschen. Ist deren Kopf gerade nicht in erreichbarer Höhe, muss ein Entlangstreichen an den Beinen mit einem symbolischen Hopser reichen. An Schwanzwurzel und Kinn befinden sich ebenfalls Duftdrüsen, mit denen vom Stuhlbein bis zur Blumenvase allerhand Gegenstände im Revier für Menschen unmerklich bedustet werden (siehe Kapitel Kleine Entdecker, Seite 70). Mit ihren Gerüchen kommunizieren die Tiere ebensoviel wie menschliche Dauertelefonierer mit der Stimme. Und zwar im gesamten Revier. Da sie nicht überall gleichzeitig sein können, hinterlassen sie allerorts Nachrichten. Die lauten meist »Das gehört mir«, »Hier war ich gerade« und »Hier wohne ich«.

KÖRPERSPRACHE

Zum Glück sendet die Katze mit ihrem Verhaltensrepertoire auch viele Signale aus, die für Menschen kaum zu übersehen sind. Etwa mit der Körperhaltung. Während eine selbstbewusste Samtpfote aufrecht den Raum betritt, läuft eine ängstliche Katze geduckt. Die Hinterbeine sind eingeknickt und das Tier schaut sich nach Fluchtmöglichkeiten um. Hebt die Miez den Kopf und kommt mit erhobenem Schwanz angelaufen, begrüßt sie damit fröhlich die Anwesenden.

Auch der Katzenbuckel wirkt als Drohgebärde eindeutig. Das Tier versucht, größer und somit gefährlicher zu erscheinen. Meist begleitet von aufgestellten Schwanz- und Rückenhaaren. Angst kann der Katze ebenso einen Buschelschwanz bescheren. Wenn sie sich erschreckt, stellt sich manchmal sogar die gesamte Körperbehaarung auf.

Groß gemacht: der Buckel schüchtert Angreifer ein.

Der erhobene Zeigefinger

Möchten Katzen etwas nicht, heben sie oft drohend die Pfote. Strecken Menschen beim Schimpfen den Zeigefinger aus, hat das für sie denselben Effekt. Wer unbedarft auf die Katze zeigt oder ihr mit dem Finger vor dem Gesicht herumfuchtelt, darf sich also nicht wundern, wenn das Tier daraufhin wegläuft oder einen Pfotenhieb austeilt.

Bei der Kommunikation kommt der ganze Körper zum Einsatz.

STIMMUNGSBAROMTER SCHWANZ

Wedelt der Hund mit dem Schwanz, kann dies freudige Erregung beim Spielen oder eine überschwängliche Begrüßung bedeuten. Anders bei der Katze. Ein häufiger Grund für Missverständnisse zwischen Bello und Schnurri. Bei Katzen ist das Schwanzzucken ebenso ein Zeichen von Erregung, allerdings selten ein freudiges. Sie wedelt beim Beobachten potentieller Beute gleichfalls wie bei Angriffsbereitschaft und Verärgerung. Das Schwanzzucken offenbart einen inneren Konflikt. Die Unentschlossenheit, ob das Tier gehen oder bleiben, angreifen oder fliehen soll. Eine Katze mit wedelndem Schwanz sollte man nicht anfassen. Wenn sie selbst schon nicht weiß, was sie als nächstes unternehmen soll, kann der Mensch es schon gar nicht erahnen.

DER KOPF

Streckt die Katze den Kopf selbstbewusst nach vorne, will sie Kontakt aufnehmen oder etwas neugierig untersuchen. Dreht sie ihn weg oder senkt ihn, möchte sie Konfrontationen meiden. Sie zeigt, dass sie kein Interesse daran hat, ihr gegenüber zu bedrohen. Blicke spielen eine große Rolle, wenn es darum geht, wer der Boss ist. Nicht immer werden Machtspiele durch Kämpfe entschieden. Im Gegenteil. Wer will sich schon von einem offensichtlich Stärkeren die Ohren durchlöchern lassen, wenn er auf Diplomatie zurückgreifen kann. Oft reicht es bereits, dass eine Katze ihr Gegenüber anstarrt, damit es Reißaus nimmt. Starren gilt in Katzenkreisen als extrem unhöflich und sogar provokant (siehe Kapitel Katzenmythen, Seite 44). Während Raufbolde in aufrechter Haltung ihr Gegenüber mit Blicken fi-

Gähnen wirkt ansteckend ...

... und beschwichtigt.

xieren, duckt sich die diplomatische Katze oder dreht sich weg. Der Blick ist zur Seite oder auf den Boden gerichtet. Schauen Katzen einander an, ohne dass es dabei um Machtspiele geht, lockern sie die Stimmung durch gelegentliches Blinzeln auf. Das können auch Menschen, wenn sie gar nicht genug vom Anblick ihrer Katze bekommen können, sie aber nicht bedrohen wollen. Ein herzhaftes Gähnen gilt ebenso als freundliche Geste, um eventuelle Spannungen abzubauen, die ungewollt in der Luft liegen könnten.

Verengen sich die Pupillen bei gleichbleibendem Licht, greift die Katze wahrscheinlich gleich an. Geweitet richten sie sich auf etwas Furcht einflößendes. Noch deutlicher lässt sich die Stimmung an den Ohren ablesen. Relativ mittig nach vorne hin aufgestellt zeigen sie Interesse und Neugierde, aufrecht nach hinten gedreht Angriffsbereitschaft. Eine ängstliche Katze dreht die Ohren fast waagerecht stehend nach hinten weg. Die Schnurrhaare unterstützen diese Signale. In der entspannten Normalstellung zeigen sie leicht aufgefächert zur Seite. Bei Erregung und Interesse zeigen sie nach vorne, bei Angst nach hinten.

KATZEN VERSTEHEN LERNEN

Wer sich regelmäßig mit seiner Katze beschäftigt und sie dabei ausgiebig beobachtet, lernt schnell, ihre Zeichen zu deuten. Auch wenn bei manch einer skurrilen Verhaltensweise der Sinn reine Vermutung bleibt, verstehen Katzen es gut, uns ihre Wünsche zu vermitteln. Wenn wir mal eins der üblichen Katzensignale nicht erkennen,

In jeder Katze schlummert ein Raubtier. Jedoch ein kompromissbereites.

lassen sie sich garantiert eine Alternative einfallen, auf die Menschen besser reagieren. Diese eindeutigen Signale sollten wir dann aber respektieren. Springt die Katze etwa auf den Schrank, um endlich ihr Nickerchen zu genießen, sollte niemand mit der Leiter hochsteigen, um sie herunterzutragen. Katzen sind zwar kompromissbereit und durchaus nachsichtig. Aber selbst für die freundlichen Tiere hört der Spaß irgendwann auf. Vor allem dann, wenn es um den Respekt ihrer persönlichen Grenzen geht. Bleibt das Zunahetreten bei einem einmaligen Ausrutscher, können sie diesen aber in der Regel verzeihen. Schließlich drücken auch wir oft ein Auge zu, wenn die Katze zu weit gegangen ist. Das gehört halt zu einer echten Freundschaft dazu.

NINA ERNST beschäftigt sich seit Jahren mit dem Wesen und Verhalten der Katzen. Als freie Journalistin schreibt sie für verschiedene Zeitungen und Magazine. Während sich bei ihren Interviews und Reportagen alles um Kultur und Unterhaltung dreht, stehen in ihrer Freizeit die Vierbeiner im Vordergrund. Die erfahrene Katzenhalterin lebt derzeit mit zwei Samtpfoten in Hamburg und arbeitet im Tierheim. Ein Leben ohne Katzen? Für sie unvorstellbar.

Unsere Erfolgsreihen auf einen Blick

Die Reitschule

Heinrich Bergmann-Scholvien, **Arbeit an der Doppellonge**, ISBN 978-3-275-01805-5

Urte Biallas, **Bodenarbeit**, ISBN 978-3-275-01708-9

Kerstin Diacont, **Grundkurs Sitz und Hilfen**, ISBN 978-3-275-01707-2

Kerstin Diacont, **Dressur für Fortgeschrittene**, ISBN 978-3-275-01749-2

Angelika Schmelzer, **Pferde erziehen**, ISBN 978-3-275-01709-6

Angelika Schmelzer, **Reiten im Gelände**, ISBN 978-3-275-01748-5

Britta Schön, **Hufschlagfiguren und Lektionen E bis A**, ISBN 978-3-275-01728-7

Britta Schön, **Mein erster Turnierstart**, ISBN 978-3-275-01777-5

Sabine Schweickert, **Fahren für Einsteiger**, ISBN 978-3-275-01803-1

Viviane Theby, **So lernen Pferde**, ISBN 978-3-275-01804-8

Sigrid Weppelmann/Sandra Mensmann, **Longieren**, ISBN 978-3-275-01727-0

Sigrid Weppelmann, **Basispass Pferdekunde**, ISBN 978-3-275-01750-8

Inga Wolframm, **Angstfrei reiten**, ISBN 978-3-275-01729-4

Inga Wolframm, **Springen für Einsteiger**, ISBN 978-3-275-01776-8

Die Hundeschule

Annegret Bangert, **Begleithundprüfung**, ISBN 978-3-275-01779-9

Ann-Sophie Griebel, **Clicker-Training**, ISBN 978-3-275-01714-0

Micaela Köppel, **Spiel und Spaß für jeden Tag**, ISBN 978-3-275-01732-4

Petra Krivy/Ann-Sophie Griebel, **Ein Hund aus zweiter Hand**, ISBN 978-3-275-01780-5

Petra Krivy/Angelika Lanzerath, **Was ein Welpe lernen muss**, ISBN 978-3-275-01689-1

Petra Krivy/Angelika Lanzerath, **Hunde verstehen**, ISBN 978-3-275-01756-0

Petra Krivy/Angelika Lanzerath, **Einfach gut erzogen**, ISBN 978-3-275-01731-7

Petra Krivy/Angelika Lanzerath, **So geht's nicht weiter**, ISBN 978-3-275-01713-3

Petra Krivy/Angelika Lanzerath, **Mein Hund im Flegelalter**, ISBN 978-3-275-01810-9

Uta Reichenbach/Tanja Sinner, **Agility**, ISBN 978-3-275-01660-0

Uta Reichenbach/Gabriele Lehari, **Sinnvolle Beschäftigung**, ISBN 978-3-275-01645-7

Monika Schaal/Ursula Breuer, **Komm zu mir!**, ISBN 978-3-275-01623-5

Monika Schaal/Ursula Daugschieß-Thumm, **Lockere Leine**, ISBN 978-3-275-01621-1

Julia Schuster/Jochen Schleicher, **Dog Frisbee**, ISBN 978-3-275-01755-3

Beate Schwarz, **Dummy-Training**, ISBN 978-3-275-01690-7

Manuela van Schewick, **Apportieren mit Spaß**, ISBN 978-3-275-01754-6

Christiane Wergowski, **Alleine bleiben**, ISBN 978-3-275-01659-4

happy cats

Nina Ernst, **Willkommen Katze**, ISBN 978-3-275-01781-2

Nina Ernst, **Zufriedene Stubentiger**, ISBN 978-3-275-01760-7

Gabriele Müller, **Miau – Katzensprache richtig deuten**, ISBN 978-3-275-01782-9

Gabriele Müller, **Katzenspiele**, ISBN 978-3-275-01811-6

Jedes Buch mit 96 Seiten,
ca. 80 Abb., broschiert,
je € 9,95/CHF 18,90/€(A) 10,30